XUQIU QUDONG DE ZUOWU BIAOXING SHUJU GUANLI GUANJIAN JISHU YANJIU

需求驱动的作物表型数据管理关键技术研究

高　飞　曹永生　周国民　等　著

中国农业科学技术出版社

图书在版编目(CIP)数据

需求驱动的作物表型数据管理关键技术研究 / 高飞等著 . --北京：中国农业科学技术出版社，2024. 10.
ISBN 978-7-5116-7150-9

Ⅰ. S31

中国国家版本馆 CIP 数据核字第 20246ZG301 号

责任编辑 张志花
责任校对 王　彦
责任印制 姜义伟　王思文

出 版 者 中国农业科学技术出版社
北京市中关村南大街 12 号　　邮编：100081
电　　话 (010) 82106636 (编辑室)　　(010) 82106624 (发行部)
(010) 82109709 (读者服务部)
网　　址 https://castp.caas.cn
经 销 者 各地新华书店
印 刷 者 北京捷迅佳彩印刷有限公司
开　　本 170 mm×240 mm　1/16
印　　张 6. 5
字　　数 125 千字
版　　次 2024 年 10 月第 1 版　2024 年 10 月第 1 次印刷
定　　价 45. 00 元

《需求驱动的作物表型数据管理关键技术研究》

著者名单

高　飞　曹永生　周国民　胡　林
樊景超　王晓丽　满　芮　刘婷婷
孙　伟　曹珊珊

PREFACE 前 言

开展种业“卡脖子”技术攻关，打好种业翻身仗，建设种业强国，离不开作物表型数据管理技术的关键支撑。通过有效的表型数据管理，可以更好地进行数据注释、标准化和长期存储，确保数据的一致性和可比性，提高数据质量，减少研究误差。开展基于本体论的多维数据有效整合，将多源异构表型数据进行统一管理、分析，为后续机器学习、深度学习等人工智能方法应用奠定基础，有助于从多维表型组数据集中提取可靠的性状特征信息。大规模表型数据分析，能够揭示性状调控的分子机制，阐明基因功能，挖掘有意义的生物学知识。此外，有效的表型数据管理也为数据共享协作研究创造了条件。通过构建科学的数据共享协议，不同研究团队和机构之间可以更容易地共享和交换表型数据，从而促进更广泛的科研合作和知识交流，加速科研进展，避免重复工作，提高研究效率。

综上所述，作物表型数据管理在现代农业研究和育种中具有重要的战略意义。随着表型组学技术的不断发展，建立完善的表型数据管理系统将成为推动农业科技创新和可持续发展的关键因素。因此，本书从作物育种数据需求出发，对作物表型数据管理部分关键技术进行了创新性探索和阐述。

高飞

2024 年 9 月

CONTENT 目 录

第一章　概　论

专家预测，到2050年全球人口将达到90亿，历史粮食线性增长率将无法满足全球粮食需求。由于全球气候变化，农业生产频繁受到极端天气影响的同时，还面临水资源、营养资源有限、可耕作土地面积减少的困境。因此，加速培养适应气候的新品种，以满足人们日益增长的粮食需求十分必要。作物表型是现代农作物育种研究的重要方向之一，特别是当今大数据时代，作物育种技术正在进入以基因组和信息化技术高度融合为主的育种4.0阶段，获取作物表型数据，挖掘“基因型-表型-环境型”内在关联、揭示特定生物性状形成机制，对揭示作物生命科学规律、提高作物功能基因组学和分子育种研究水平具有重大意义。

第一节　作物表型概念

一、作物表型与表型组学

在生命科学领域，表型（phenotype）一般指生物个体或群体，在特定条件下（如各类环境和生长阶段等）所表现出来的可观察的形态特征。生物学上的表型概念最早由丹麦遗传学家Wilhelm Johannsen在1911年提出，他认为生物体的表型是基因型（genotype）和环境因素（environmental factors）复杂交互的结果：基因型是表型得以表达的内因，而环境是促使各类形态特征表现的外部条件。

作物表型研究始于20世纪末，其核心是获取高质量、可重复的性状数据，进而量化分析基因型和环境互作效应及其对产量、质量、抗逆等相关的主要性状的影响。作物表型是基因型与环境互作产生的全部或部分可辨识特征和形状，反映了作物细胞、组织、器官、植株和群体结构及功能特征的物理、生理和生化性状，如株高、果实大小、颜色、性状等是作物可测外在表型。表型本质是作物基因突破的时序三维表达及其地域分异特征和代际演进规律。

组学是生物学领域常用数据，指从整体角度对一个或多个生物体征某一类分子库所有结构、功能或动力学进行集体表征和量化的研究手段。组学与非组学的核心差异在于研究目标频谱的宽度。组学是针对某一类分子库的全谱进行研究，而非组学手段往往只针对一个或多个特定分子进行研究。因此，植物表型组概念可定义为受基因组（可包括多种基因型）和环境因素决定或影响，并能反映植物结构及组成、植物生长发育过程及结果的全部物理、生理、生化特征和性状，从信息学的角度看，表型组可定义为生物个体或遗传同质群体响应体内外信号所表现出来的能以动态数据流形式呈现的全部特征和性状。

现代遗传分析的核心挑战是探索影响定量表型变异的生物学因素。相对单一性状，表型组能为作物研究提供全面的科学证据。世界各地都有大量作物种质，但作物的表型描述仍十分有限，这限制了育种专家鉴定自然种质所携带的有用基因。此外，对隐性性状分析的缺乏、基因修饰导致的复杂表型效应，都使基因型数据使用效率低。因此，具有精确的种质表型数据图谱，有助于鉴定具有目标性状基因的种质资源。

二、作物表型研究的发展潜力

育种专家经常需要对粮食产量、非生物胁迫耐受性、营养品质等农业性状进行表型分析。传统上，这些性状的表型数据是通过视觉或手动记录的，需要在多个季节、多个环境中进行重复试验，时间和人工成本高，作物表型性状测量出现错误的概率增加，识别等位基因假阳性概率增加，减缓遗传改良的速度。因此，开发高通量表型工具和技术，如无创成像、光谱学、图像分析、机器人和用于表型的高性能计算，将会大幅提升数据获取效率与准确率。这些工具不仅可以在实验室使用，还可以在自然大田环境或者受控条件下进行高通量表型分析。作物表型现场评估速度加快，有助于动态、全生命周期测验的进行，从而减少表型分析对周期性破坏性方法的依赖。

表型组学涉及在多个组织层次上收集高维表型数据，与全基因组测序类似，朝着完整描述基因组表型的方向发展。但作物表型会因基因型和生长环境的不同而改变，无法完全表征。进行表型分析需要优先考虑研究目标，在研究成本与目标结果之间取得平衡。目前用于表征作物表型的方法仍落后于基因型，精准的高通量表型分析工具和技术仍然十分缺乏，公共平台的大量基因型数据无法充分利用。因此，开发高通量表型分析工具和技术，用于筛选与生物和非生物胁迫相关的形态生理性状，对作物育种研究十分重要。

与基因组平台一样，表型也需要开发数据平台，将作物性状、参数和生长环境数据收集起来进行管理。表型数据库、基因组数据库（TAIR、TIGR和NCBI），以及其他“组学”数据，如代谢组学、蛋白质组学和转录组学数据，是进行育种研究的重要数据资源。表型与基因型数据联合分析，不仅可以剖析作物复杂性状，而且有助于发现新的基因/QTL，鉴定基因序列的功能，增加低遗传性状的遗传增益。这有利于专家进行作物培养模拟和植物生长预测，特别是作物产量或生物量等复杂特性的预测。无论是采用遗传方法进行等位基因重组还是通过重新测序技术评估变异，准确、经济、高效、高通量的表型分析都是定位性状的关键。表型组学还可用于反向遗传研究，识别特定基因在作物生长发育中的功能，识别针对相关基因的等位基因变异。

进行作物育种改良，首先需要筛选具有目标性状的理想基因型的种质资源，然后通过杂交将这些目标性状结合在一起。传统的视觉筛选更适用于对定性性状和高遗传性性状，但无法满足对定量性状或难以用视觉观察的性状（生理和生物化学性状）的筛选需求。目前世界上保存了大量基因数据资源，但由于缺乏精准的作物表型，这些资源利用并不充分。因此，为了进一步挖掘利用现有基因资源，还需获取不同作物种质的精准高通量表型数据，将基因序列、分子标记与作物表型进行关联。

在数字科学时代，表型组学的发展推动了植物生理学研究，为遗传学与生理学的结合研究奠定了数据基础，为探索植物科学领域未解之谜提供了机会。

第二节　作物表型数据

在实际生产中，农民收获的是作物表型，而不是基因型。作物表型直接关系农业生产的末端。在作物育种中，表型数据是选择育种材料和评估育种效果的重要依据。通过作物表型数据分析，可以对不同种质资源性状进行评价，筛选出优良种质。表型数据与基因型数据进行关联分析，可以发现影响特定表型的基因或标记。通过表型数据监测可以了解作物生长状态，辅助农业生产管理。表型数据可应用于作物育种、种质资源评价、基因功能鉴定、农业管理决策等领域，是重要的科学数据资源。

一、表型数据分类

1. 农艺性状数据

农艺性状数据主要包括农作物的生育期、株高、叶面积、果实重量等可以代表作物特点的相关性状。农艺性状作为对产量影响较大的表型，是数据中较为重要的组成部分，是指导品种选育的重点。但是，农艺性状数据必须多种指标联合分析计算，才能起到较好的效果，单一指标往往无法发挥应有作用。

2. 抗性数据

在育种中，由于气候变化等客观因素影响，抗性对决定品种的稳产、低投入等指标意义重大。一般来说，抗性包括抗逆、抗病、抗虫等。抗逆又可以分为抗旱、抗寒、抗高温、抗倒、抗涝等。抗性数据必须通过针对性的胁迫试验或侵染试验才能获得全面数据，这是与农艺性状数据较大的区别。

3. 生理数据

生理数据能够反映作物内部生长调控的变化，常常与分子机制间形成桥梁关系。生理数据常见的包括激素水平、特定元素含量和吸收特征、光合积累特征等。生理数据一般需要针对性化验检验才能获取。

4. 品质数据

品质数据是服务品质育种，实现育种产业化的关键。品质数据主要包含重要品质指标内容，例如，蛋白质含量、支链淀粉含量、口感、香气、加工性能等。品质数据也需要进行针对性的检测才能获取，而且一般需要最终获取后才能进行检测。

二、表型数据获取方法

1. 田间采集

田间采集包括田间直接考察和田间实验获取两种。针对大部分农艺性状，可以通过田间测量的方法直接考察获取。但是对于抗性性状，一般需要进行针对性的压力试验，或者通过在不同病区、旱区进行针对性栽培试验，才能获取。

2. 实验室化验检验

实验室化验检验主要针对品性性状、生理性状等。一般不能直接人工观察，必须经过专业实验设备观察获取数据。

3. 人工评价

部分性状，如口感、香气、触感等性状，以及加工后的品质特征，必须依赖于人类自身的感官获取，暂时无法通过机器获得。

4. 高通量获取

随着电子信息工程的发展，尤其是微传感器、机器视觉、物联网等技术的应用，基于多种传感器有组织地连续获取作物多维度表型信息成为可能。目前，借助多源光学传感器阵列，在一个表型平台中能够连续获取 TB 级的成像数据，后续通过自动化的图像处理系统，实现对温室、大田等不同条件下快速、准确筛选目标性状突出的优异种植材料。此外，其他类似于根系水流通传感器等非成像类传感器，也同样从其他维度获取高通量的表型数据。在实际应用中，往往综合使用多种针对植物、环境的传感器，从而系统获取种质材料在特定环境中的表型特征。高通量的表型数据配合自动化的分析处理技术，不仅能够大大降低种质材料表型鉴定的成本，而且能够连续无损获取数据，服务种质资源精准鉴定和筛选。

（1）使用多维传感器阵列/传感器组产出的组学数据

表型组：表型组是通过集成自动化平台装备和信息化技术手段，获取多尺度、多生境、多源异构的种质材料表型数据的方法。在种质资源研究中，表型组数据能够帮助科学家获取群体多维表型数据和环境数据，从而分析基因型-表型-环境型内在关系、全面揭示特定性状的形成机制。

（2）使用多维传感器阵列/传感器组产出的非组学数据

这些数据主要侧重于表型的某些侧面，由于不涵盖所有表型，所以虽然数据量也较大，但是不能成为表型组数据。例如，利用根基传感器阵列获取的大规模根际水吞吐数据等。

三、高通量作物表型组数据特点

随着高通量自动表型平台的开发，作物表型数据获取愈发依赖表型平台、传感设备、无线通信等机械设备。表型数据量的几何增长也使得数据管理与大数据分析成为必须。作物表型数据包含了从基因与环境互作形成的植物表型原始数据、植物表型性状元数据，涵盖基因、生理、生化、生态及生长动态等多维尺度。以作物栽培和植物育种的实际需求为导向，对植物表型数据进行获取、解析、管理和挖掘，需要农学、植物学、自动化、机械工程、图形图像和计算机科学等多学科人员在大数据形成的各环节紧密协作，将植物表型组大数据最终转化为生物学、农学新知识。

作物表型组数据具有传统大数据的典型 3V 特点。

1. 数据量大（Volume）

以智能化装备和人工智能技术为依托，利用表型技术设备获取的表型数据量迅速增加，例如，利用温室高通量表型平台监测玉米动态生长发育，1 000盆植株每天产生的各类图像数据可达 TB 级；利用 micro-CT 获取籽粒显微图像，500 份籽粒的图像信息可达到 20TB。

2. 数据的多态性（Variety）

植物个体和数据类型的多样性、异质性决定了表型数据的多态性，不仅包括从地下根系到地上植株的表型信息，室内到野外条件下从细胞、器官、植株到群体水平的表型数据，也包括从地面到天空的遥感数据。

3. 数据的时效性（Velocity）

表型大数据往往以数据流的形式动态、快速地产生，如室内植物表型平台、大田植物表型平台、无人机平台等搭载可见光、近红外、远红外、光谱等传感器获取大量流数据和实时数据。正是因为表型组学大数据具有典型的 3V 特点，才需要依靠大数据思维和数据分析策略对植物表型组数据进行清洗、控制、挖掘和转化。

同时植物表型组学大数据还具有 3H 特性。

1. 高维度（High dimension）

植物表型组学大数据是植物遗传信息与资源环境相互作用后在时空时序

三维表达信息的汇聚，不仅包括文本数据、试验元数据，还涉及图像和光谱数据、三维点云数据、时序生长数据等，多尺度健康、多模态、多生境的表型数据决定了其具有高维特点。这些高维度数据为发掘蕴含于植物表型大数据中的深刻规律奠定了基础，同时在数据整合与分析方面提出了挑战。

2. 高度复杂性（High complexity）

植物表型大数据作为植物遗传信息与环境作用下完整生活史的表征，遗传信息的多样性及地域资源环境的差异性决定了植物表型组学大数据的高度复杂性。

3. 高度不确定性（High uncertainty）

由于植物遗传信息被选择性地表征，这种表征受植物生长的地理位置、光温水气热等资源的不同形成差异显著的表型，加之植物表型大数据样本来源广、处理方法多、数据获取标准不统一、存储格式多样，导致表型数据具有低重复性和不确定性的特点。

第三节　作物表型数据管理发展现状与挑战

一、发展现状

在生命科学领域，技术进步使科研数据的深度和数量成倍增加，但数据访问限制、数据文档记录不佳及数据格式仅支持特定软件等因素，导致许多研究结果不可复制。科学数据是全球科研的重要资产，但如果缺少数据管理，随着时间推移，数据会逐渐丢失或不可用。数据管理应贯穿整个数据生命周期，保证数据的质量和长期保存，以便数据共享和重用。

表型组学是对整个作物表型系统的研究，需要生物学、数据科学、图像分析和工程相结合，用于对作物特征进行定性与定量的描述。表型分析需要处理不同领域的数据或多源异构数据，还需要灵活的经验处理，例如，研究人员会在试验中期调整浇水的次数，或者剪掉开花的嫩芽。表型实验的长期性、方案的多样性和大量可观察、量化参数使数据采集具有不可预测性，这增加了数据管理的难度。生物学专家具有丰富的领域知识，在构建模型时可以提供详细的参数信息，但由于工作经验他们可能会使用抽象的术语，使数据理解和重用困难。因此，作物表型数据的一致性也是管理的重要内容。

数据管理是将研究数据作为资产进行加工和质量监控，确保数据的高质量共享。目前，大量组学数据存储于国际公共数据库，如 NCBI（National Center for Biotechnology Information）、EMBL（The European Molecular Biology Laboratory）、BigData（National Genomics Data Center，中国国家基因组科学数据中心），这三个数据中心承担了数据存储、收集、整合等工作。数据中心负责数据管理，对数据进行长期保存和加工，保证数据与元数据的可用性。此外，还有一些常规任务，如检查样本名称和 ID，控制数据转换过程，检查数据文件结构和格式，识别损坏的数据文件及检查数据一致性。在数据的生命周期，数据中心需要进行持续管理，保证数据的可用性。

在生命科学领域，人们已经做了大量数据管理工作。欧洲生命科学信息基础平台（European LIfe - Science Infrastructure for Biological Information，ELIXIR）认为数据管理应聚焦于政策、研究和基础设施。ELIXIR Converge 项目团队开发了数据管理包 RDMkit，用于指导生命科学家按照 FAIR 原则管理科研数据。ELIXIR 是科学数据发现、共享和交流的重要平台，通过协调数据库、软件工具、培训材料、云存储和超级计算机等方面的资源，为欧洲研究者使用现有设施存储、转移和分析大数据提供便利。CBD（Convention on Biological Diversity，生物多样性公约）的各方针对 DSI（Digital Sequence Information on Genetic Resources，遗传资源数字序列）管理问题，讨论构建了一个数据利益共享框架，其目的是激励科研人员获取和使用遗传育种资源，提升数据复用率。地球科学信息合作伙伴联合会（Earth Science Information Partner，ESIP），提出了对数据出版物使用数字对象标识符（Digital Object identifier，DOI）的建议，并制定了数据引用指南。对于作物表型来说，重要的标准有 MIAPEP 标准。MIAPEP 向导具有直观的图形用户界面，可以帮助用户轻松创建 MIAPPE 标准的 LSA 元数据。

不同于基因组学已有许多大型的、公认的、成熟的公共数据库，作物表型组学数据库却不是很多，如 Planteome、PGP repository 是生物学领域综合数据库，OPTMAS-DW、BIOGEN BASECASSAVA 是玉米、木薯相关研究的数据库，还有部分专业数据库，如 BreeDB、TRIM。Planteome 为特定物种的植物本体及基因和表型注释提供了一套参考，拥有 8 种特定种类的作物本体（Crop ontologies），其中对性状和表型评分标准的描述已被玉米、甘薯、大豆、木豆、水稻、木薯、小扁豆、小麦等国际育种项目采用。用户可以通过 Planteome 数据库浏览器和搜索工具访问各种生物实体的本体和基于本体的注释。目前数据库存储了约 200 万数据实体、2 100万注释。PGP 是由莱布尼茨植物遗传与作物植物研究所和德国植物表型分析网络联合发起的植物基因组学和表型组学研究数据库，目的在于分享源自植物基因组学和表型组学的研究数据。PGP 主要着眼于发布和共享涵盖各种数据领域的主要实验数据，如高通量植物表型分类的图像数据、序列组装、基因分型数据、形态植物模型的可视化和质谱数据。OPTMAS-DW（OPTMAS Data Warehouse）是有关玉米研究的综合数据库，包含玉米转录组学、代谢组学、离子组学、蛋白质组学和表型组学数据。用户可以浏览 OPTMAS-DW 存储的实验数据，并根据自己的需求导出相应文件，进一步分析和可视化。OPTMAS-DW 数据库的特点是能够处理不同数据域的数据。BIOGEN BASE-CASSAVA 是木薯表型、基因组数据库，展示了关于木薯（Cassava）的研究成果。其木薯表型检索模块，针对作物种质设定了包括定性和定量性状在内的约 28 个表型特征。其他数据库如 TRIM、BreeDB 也包含了特有的作物信息表型，TRIM 是台湾插入突变体数据库，包含了有关突变体整合位点和表型信息，BreeD B 存储了育种所需要的农艺性状数据。

随着人类基因组计划（Human Genome Project，HGP）的完成，水稻、玉米、高粱、大豆和小麦等主要农作物的基因组也相继被破译，作物研究随之进入组学时代。计算机技术的快速发展为有效管理急速增多的育种数据提供了可能，生物信息学成为处理和挖掘高通量数据信息的手段。在生物信息学中，数据库作为其研究的主要载体在生命科学领域发挥了重要作用，如基因组学、蛋白质组学、代谢组学等各类组学数据库，不仅为领域内研究和发展提供了丰富的数据信息，同时又加强了多组学间及与其他生物学分支间的联系。近年来，表型组学相关技术和研究手段高速发展，带来了数量巨大、尺度多维、数据多样的表型信息，如 RGB、高光谱、近红外、热成像、荧光成像等图像数据，植物生长过程中的各项生理指标数据等。为了能合理地利用这些复杂的、动态的、大规模的表型数据，科学的数据管理非常必要。

二、大数据管理的挑战

作物表型组学的快速发展，高通量表型方法的应用，使多维度表型数据呈几何倍数增长，作物图像、环境传感数据、实验设计信息、多尺度生理表型等，也增加了表型数据复杂性。表型数据的多样性和复杂性给数据管理带来了巨大的挑战。

1. 数据质量控制

作物表型数据的获取方法和来源多种多样，导致数据格式、标准不一致。缺乏统一的数据结构和可比较标准，使不同平台之间的数据整合变得十分困难。标准化的数据管理，可以确保数据的一致性和可比性，减少因数据质量问题导致的研究误差。这对于进行多环境、多年份的作物表型研究尤为重要，能够显著提高研究结果的可靠性和可重复性。表型数据的价值不仅取决于实验和数据收集的质量控制，还取决于数据管理、处理和标准化。

2. 多尺度、多维数据整合

作物表型研究需要整合从分子水平到田间水平的多尺度数据，此外，考虑到气候变化的影响，还需要在多重环境条件下进行表型分析。通过基于本体论的数据优化整合，研究人员可以将来自不同来源、不同尺度的表型数据进行统一管理和分析。这种整合为后续的机器学习和深度学习等人工智能方法的应用奠定了基础，有助于从多维表型组数据集中提取可靠的性状特征信息。

3. 数据存储和共享

虽然目前存在各种商业和学术数据平台用于存储表型数据，但许多发表研究中并未提供足够可访问的数据和相关元数据，这限制了进一步的分析和研究。在合作项目中，也需要平衡数据共享与保护育种知识产权的需求。建立适当的数据管理机制，探讨数据共享协议，既能促进科研合作，又能保护数据拥有者利益。

解决表型大数据管理挑战需要学术界、育种企业及其他利益相关方的共同努力。建立统一的本体和数据标准，开发更好的数据管理和分析工具，促进跨学科合作，是未来作物表型数据管理的发展方向。只有通过协作努力，才能充分利用表型组学的潜力，推动作物育种和农业发展。

参考文献

丁子涵，彭辰晨，崔富荣，等，2021. 虚拟现实技术在植物表型研究中的应用［J］. 南方农机，52（11）：27-28.

胡伟娟，傅向东，陈凡，等，2019. 新一代植物表型组学的发展之路［J］. 植物学报，54（5）：558-568.

李远鲲，郭新宇，张颖，等，2023. 棉花表型技术研究进展［J］. 江苏农业科学，51（11）：27-36.

潘朝阳，陆展华，刘维，等，2022. 表型组学研究进展及其在作物研究中的应用［J］. 广东农业科学，49（9）：105-113.
王璟璐，张颖，潘晓迪，等，2018. 作物表型组数据库研究进展及展望［J］. 中国农业信息，30（5）：13-23.
温维亮，郭新宇，张颖，等，2023. 作物表型组大数据技术及装备发展研究［J］. 中国工程科学，25（4）：227-238.
杨文庆，刘天霞，唐兴萍，等，2022. 智慧农业背景下的植物表型组学研究进展［J］. 河南农业科学，51（7）：1-12.
玉光惠，方宣钧，2009. 表型组学的概念及植物表型组学的发展［J］. 分子植物育种，7（4）：639-645.
赵春江，2019. 植物表型组学大数据及其研究进展［J］. 农业大数据学报，1（2）：5-18.
郑庆华，刘欢，龚铁梁，等，2023. 大数据知识工程发展现状及展望［J］. 中国工程科学，25（2）：208-220.
周济，Tardieu F，Pridmore T，等，2018. 植物表型组学：发展、现状与挑战［J］. 南京农业大学学报，41（4）：580-588.
COSTA C，SCHURR U，LORETO F，et al.，2019. Plant Phenotyping Research Trends，a Science Mapping Approach［J］. Frontiers in Plant Science，9. DOI：10. 3389/fpls. 2018. 01933.
FASOULA D A，IOANNIDES I M，OMIROU M，2020. Phenotyping and Plant Breeding：Overcoming the Barriers［J］. Frontiers in Plant Science，10：1713. DOI：10. 3389/fpls. 2019. 01713.
GROßKINSKY DOMINIK K，JESPER S，SVEND C，et al.，2015. Plant phenomics and the need for physiological phenotyping across scales to narrow the genotype-to-phenotype knowledge gap［J］. Journal of Experimental Botany（18）：5429-5440.
JIN S，SUN X，WU F，et al.，2021. Lidar sheds new light on plant phenomics for plant breeding and management：Recent advances and future prospects［J］. ISPRS Journal of Photogrammetry and Remote Sensing，171：202-223. DOI：10. 1016/j. isprsjprs. 2020. 11. 006.
LIN Y，2015. LiDAR：An important tool for next-generation phenotyping technology of high potential for plant phenomics?［J］. Computers and Electronics in Agriculture，119：61-73.
PASALA R，BB P，2020. Plant phenomics：High-throughput technology

for accelerating genomics [J]. Journal of Biosciences, 45 (1) . DOI: 10. 1007/s12038-020-00083-w.

PIERUSCHKA R, ULI SCHURR, 2019. Plant Phenotyping: Past, Present, and Future [J]. Plant Phenomics (3): 1-6. DOI: 10. 1155/2019/7507131.

POMMIER C, CÉLIA MICHOTEY, CORNUT G, et al., 2019. Applying FAIR principles to plant phenotypic data management in GnpIS [J]. Plant Phenomics, 1 (1): 15. DOI: 10. 34133/2019/1671403.

RAJU S K K, THOMPSON A M, SCHNABLE J C, 2020. Advances in plant phenomics: From data and algorithms to biological insights [J]. APPLICATIONS IN PLANT SCIENCES, 8 (8). DOI: 10. 1002/aps3. 11386.

XIAO Q, BAI X, ZHANG C, et al., 2021. Advanced high-throughput plant phenotyping techniques for genome-wide association studies: A review [J]. Journal of Advanced Research. DOI: 10. 1016/j. jare. 2021. 05. 02.

第二章　高通量作物表型组学研究前沿与数据需求

第一节　高通量作物表型组学与精准育种技术研究前沿分析

高通量作物表型组学与精准育种技术作为农业大数据密集型应用的前沿领域，正在迅速改变传统作物育种模式。本章分析了该研究前沿的兴起背景、研究意义、现有成果及待解决的问题，并深入分析了其发展态势及重大进展。通过对核心论文的分类与解读，揭示了学科基础进展、最新进展及产业化进展，特别是在人工智能辅助精准育种、表型与基因型关联及育种应用等方面的突破，旨在为相关研究提供参考与指导。

一、研究现状

随着全球人口增长和气候变化的挑战，保障粮食安全成为全球关注的焦点。传统作物育种方法耗时长、效率低，难以满足快速变化的农业需求。高通量作物表型组学与精准育种技术的兴起，依托于基因组学、信息技术和大数据分析的发展，为作物育种提供了新的解决途径。这一研究前沿融合了多学科的最新成果，推动了作物品种改良的效率和精准度，成为现代农业发展的重要驱动力。

高通量表型组学通过大规模、高精度地测量作物的表型特征，为精准育种提供了丰富的数据支持。结合基因组学，研究人员能够揭示表型与基因型之间的复杂关系，识别与重要农业性状相关的基因标记，实现基因组选择和定向育种。此外，该技术在提高作物抗逆性、产量和品质方面具有重要意义，有助于应对全球粮食安全和环境变化的挑战。

在高通量作物表型组学与精准育种技术领域，研究人员已经取得了显著进展。例如，通过全基因组关联分析和基因组选择方法，识别了多个与产量、抗病性等性状相关的基因标记。同时，表型数据采集技术的进步，如无人机遥感、图像分析和传感器技术，大幅提高了表型数据的获取效率。然而，数据整合与分析仍面临挑战，特别是在多组学数据的综合分析和应用方面。此外，精准育种技术的产业化应用仍需进一步推广和优化，以实现大规模农业生产中的实际应用。

二、发展态势及重大进展分析

1. 人工智能辅助精准育种

人工智能技术在作物精准育种中的应用是近年来的研究热点。早期研究主要集中于机器学习算法在表型图像分析中的应用。随着深度学习技术的发展，其在作物育种中的应用日益广泛。综述了下一代人工智能技术在加速气候适应性植物育种中的应用，为人工智能辅助育种奠定了理论基础。精准育种技术的发展依托于高通量基因组数据与表型数据的整合分析。近年来，表型组学技术与基因编辑技术的结合，使得定向育种成为可能。学术界已开始探索将 CRISPR-Cas9 等基因编辑工具与高通量表型技术结合的可能性，以实现育种目标的快速达成。

近期，人工智能辅助育种向更加智能化和自动化方向发展。研究者开发了多种基于深度学习的表型分析算法，如用于作物病害识别的卷积神经网络。此外，强化学习等技术在育种决策中的应用也受到关注。例如，Zhu 提出了一种基于深度学习的方法，分析黄瓜根系图像数据与产量的关联。这种方法实现了复杂表型特征的自动提取和分析，为精准育种提供了新思路。在甜樱桃的研究中，基于高通量表型数据的基因组关联分析揭示了多种性状的驯化效应。这些进展表明，精准育种技术正在从实验室走向田间，并在实际生产中展现出巨大的潜力。

人工智能辅助精准育种技术已在育种实践中得到初步应用。一些种业公司开始使用人工智能技术优化育种流程，如先正达的人工智能辅助育种平台。此外，一些人工智能公司也进入农业领域，如IBM的Watson决策平台。这些技术的商业化应用提高了育种效率，加速了新品种选育进程。某些高产、抗病的小麦新品种的培育即得益于高通量表型数据与精准育种技术的结合，这些品种正在全球范围内推广，为农业生产提供了高效的解决方案。然而，人工智能在作物育种中的应用仍处于起步阶段，需要进一步完善算法和模型，提高其在复杂育种场景下的适用性。

2. 表型与基因型关联及育种应用

表型与基因型的关联研究是精准育种的核心。传统的数量性状位点分析已逐渐被全基因组关联分析所取代，后者能够更准确地识别与表型相关的基因变异。此外，基因编辑技术的快速发展，为基于表型的基因功能验证提供了新途径。

最新的研究进展包括利用大规模基因组和表型数据，结合机器学习算法，进行作物复杂性状的遗传解析。例如，通过全基因组关联分析揭示了多个与作物产量和抗逆性相关的基因位点。

在育种应用中，基于表型与基因型关联的分子标记辅助选择已成为常规育种的重要手段。通过筛选与目标性状紧密连锁的分子标记，可以大大缩短育种周期，提高育种效率。此外，基因编辑技术的产业化应用也在逐步推进，为作物遗传改良开辟了新途径。

三、未来展望

高通量作物表型组学与精准育种技术是近年农业领域发展迅速的前沿方向，能够有效提高育种效率，加速培育高产、优质、抗逆的作物品种，为保障粮食安全和农业可持续发展提供有力支撑。目前已经有多个国家和研究机构作出了重要贡献。美国、欧洲和中国的科研机构在基因组测序、表型数据采集和精准育种方法开发方面处于领先地位。例如，美国的Genomes-to-Fields Initiative通过整合基因组与田间数据，研究玉米在北美的基因-环境相互作用。中国的科研机构通过开发高效的表型分析平台，推动了精准育种技术在国内农业中的应用。未来，随着技术的不断发展和应用，高通量作表型组学与精准育种技术将发挥越来越重要的作用，为农业发展注入新的活力。

第二节 作物表型数据需求分析

2020—2021年，为了解我国表型数据收集、保存与管理现状，育种领域对表型数据需求，服务数据管理政策制定，我国对作物表型数据的产量、分布、存储、管理等进行了多角度的调研。调研方法分为问卷调查、专家访谈和网络统计。首先，针对行业中企业、高校、科研院所等育种团队的一线从业人员，发放调研问卷直接针对关键问题进行收集；其次，对行业专家进行专访，针对重点问题进行访谈和咨询；最后，通过国家农业科学数据中心数据汇交工作产生的成果，以及国外相关数据库内容，进行统计分析和推算。通过线上线下相结合形式，在全国范围内累计发放问卷超过300份，专访专家超过20位，抽样统计相关数据超过100万条。

一、表型数据管理应用现状

1. 表型数据爆炸式增长，整体质量有待提高

伴随生物和信息技术的发展，在过去10年间，我国表型数据的数量呈现爆炸性增加趋势。据调研，一方面，超过90%的商业育种从业人员和超过95%的高校、院所育种研究人员，认为其团队在过去多年间，表型数据产出大幅度上升。可以说，仅以数据量考虑，我国已经达到世界一流国家的水平；但从质来看，仍呈现出整体较落后且不平衡的情况。表型数据本身是多维数据，其囊括的维度越多，使用的种质资源和样本越完整，研究方法越先进和完善，其质量和价值就越高。但据调研，当前产出的数据中，超过70%的数据是低质量数据。这些数据一般基于少量种质资源，是进行简单实验后获取的孤立数据，且未经过系统规范的加工，获取方法也多局限于经验估计下的定性，或者田间简单定量，价值较小。而高质量的数据，如跨越多地域的大型品种区域性试验数据、优秀试验设计下的基因表达数据等，不仅占比不足30%，且高度集中在高校、省级以上科研院所和育种龙头企业手中。这种不平衡加剧了数据质量的矛盾。

2. 生产格局割裂严重，供需极不平衡

表型数据存储分散，共享度低。数据获取手段匮乏，官方数据平台影响力不足。从企业调研情况来看，70. 8%的企业育种科研团队将相关数据内部保存，20. 8%的愿意将数据提交数据管理机构统一存储，4. 2%的将数据随

论文发表公开。育种科研团队主要通过书籍和文献获取实验研究以外的育种数据，数据获取方式匮乏。我国官方育种数据平台宣传不到位，33.3%的相关从业人员不了解官方育种数据平台的免费科技资源，20.8%的了解但几乎不会登录这些平台。搜集育种数据耗费大量时间与人力成本，50%的企业希望可以通过我国权威数据平台获得有偿或无偿的育种科学数据共享服务。

3. 共享基础设施发展滞后，影响育种数据管理和交换

表型数据的开放共享能够助力育种科学研究，降低行业重复投资。在我国，根据现行《科学数据管理办法》，国家科学数据中心是承担数据汇交、管理和共享利用的重要基础机构，对口作物表型数据的为国家农业科学数据中心、国家基因组科学数据中心和国家林草科学数据中心，其中又以中国农业科学院农业信息研究所支撑运营的国家农业科学数据中心最为重要。但相较于上万家育种团队，就年产出的数百 PB 表型数据来说，国家农业科学数据中心总存储能力仅为 2PB 不到，“小马拉大车”的窘境突显。除存储外，数据挖掘、网络带宽、人员配备等各个方面，国家农业科学数据中心均需要持续强化，才能完成既定设计目标、完成对数据的统收统管。

4. 分析挖掘能力有限，桎梏育种产业升级

作物表型数据必须经过充分分析和挖掘，才能发挥价值，实现对育种产业的支撑作用。当前最先进的育种技术中普遍涉及的基因编辑位点筛选和设计、高密度图谱构建与精细定位、优势基因聚合和表型预测等实验，以及市场导向下的快速、精准育种等育种目标的制定，都需要建立在对大田、实验室、市场等方面各种数据的精细挖掘和分析的基础之上。据调研，我国商业育种团队中，有超过 70%的团队仍主要以计算器+纸笔的传统模式分析数据，仅有不足 10%的团队使用了专业的育种数据分析软件或自行编写数据分析程序。这与美国育种界高达 80%以上的育种数据分析软件应用率差距明显。究其原因，一方面是我国育种数据分析软件发展严重滞后，“卡脖子”问题严重；另一方面则是国内育种行业，尤其是中小育种企业数字化意识普遍不足导致的。

5. 从业人员水平参差不齐，数据意识和技能不足

育种从业人员的类型、年龄、受教育程度、业务素养和专业知识差距很大。据调研，在科研单位中从事一线育种工作的专家，对育种数据重要性的认识程度最高，100%的相关人员均认为数据和种质资源同样是育种必不可少的生产要素。但是，中小型育种企业的普通工作人员中，认识到数据重要

性的比例不足 30%，对表型数据类型、管理和服务意识的比例更低至不足 10%。

表型数据是育种日常工作中产生，并经过专业加工整理产出的生产要素，育种工作者必须充分认识表型数据资源类型特征，掌握数据分析和提炼海量数据的技术，才能提高数据的质和量，促进数据的生产和数据应用中对育种工作的反哺。育种从业者自身数据方面素质的参差不齐，已经实际影响到育种数据工作的成效。

二、表型数据管理提升建议

1. 强化科技合作，全面提升表型数据质量

充分发挥科研单位和龙头企业对行业的引领作用，促进作物表型数据规范化产出和管理技术的全行业扩散，推动育种数据质量的普遍提升。重点采取以下举措。

一是农业农村部牵头组织制定一系列育种数据相关的行业标准、行业规范和操作规程，实现“以标促质”；二是引导各级科技部门发放以数据要素为重要考核指标的扶持性项目，鼓励龙头企业、科研单位与多家中小型育种企业共同申报，促进技术合作和扩散；三是引导各级工信部门，在发放技改类项目时适度对中小育种企业数据管理系统升级提供扶持，提升其意愿；四是利用好现有产业创新联盟，鼓励联盟吸收中小企业，在行业合作中提升育种数据质量。

2. 加强数据规范化管理，建立商业育种数据共享和交易机制

充分发挥国家科学数据中心数据汇集、加工、管理作用，提高作物表型科学数据开放共享水平，支持种业创新。重点采取以下举措。

一是科技部、国家自然科学基金委员会及各省级科技管理部门加强对育种数据汇交的监督和管理，学习国家重点研发计划的模式，通过发文、立项控制等手段敦促各级政府预算资金支持项目下产生数据的应交尽交，鼓励自筹资金项目产生数据汇交；二是农业农村部立项推动育种数据分级分类管理，促进科学数据中心对汇交数据进行规范化管理；三是支持国家农业科学数据中心构建育种数据的商业交易平台，在保障汇交方权益的基础上，探索建立商业育种数据共享交易机制；四是加强科技部门、农业农村部门、宣传部门等对国家科学数据中心的宣传力度，通过科技创新大赛、信息素养培训、数据服务典型案例宣传等方式提升国家科学数据中心的影响力，促进数据共享。

3. 强化共享基础设施建设，引导对口国家科学数据中心发展

进一步加大农业、基因组、林草等国家科学数据中心投入，增强其存储能力、网络带宽、人才团队等作物表型数据共享基础设施建设。重点采取以下举措。

一是科技部加大对国家科学数据中心奖补经费的投入，帮助农业、林草和基因组中心提升人才团队和运行保障能力；二是农业农村部设立专项经费，或在现有的经费中对农业、林草和基因组中心进行倾斜，以承担育种数据汇交管理工作的比例，扶持其强化存储、分析能力的建设；三是工信部及各级工信部门、科技部门通过考核指标、评优评奖中部分指标的设置，引导超级计算机、大型云服务提供商对对口国家科学数据中心业务进行支持。

4. 增加科技投入，构建育种数据分析软件护城河

贯彻落实国家数字化转型，发展数字经济、发挥数据要素价值的一系列战略精神，多元投入育种软件研发，创造良好环境，打造自有知识产权的先进育种软件。重点采取以下举措。

一是通过工信部国家重大软件工程、科技部国家重点研发计划等项目，设立育种数据分析软件研发专项，直接支持优势科研团队投入力量对育种数据分析中的核心难题进行攻关；二是支持科研单位和龙头企业共建育种数据国家工程实验室，以大工程思维、大会战模式驱动育种数据分析软件构建；三是利用好现有平台，通过中国农业发展银行、国家开发银行等机构，针对主攻育种数据分析软件研发的单位进行政策性贴息贷款等支持，引导社会资本向行业汇聚；四是利用北京产权交易所设立机遇，积极支持国内现有的育种软件研发团队商业化、公司化运作，并提早上市。

参考文献

戴翊超，2023. 我国作物表型组学平台科技创新情况调研报告［J］. 中国农村科技（8）：27-28.

樊龙江，王卫娣，王斌，等，2016. 作物育种相关数据及大数据技术育种利用［J］. 浙江大学学报（农业与生命科学版），42（1）：30-39.

侯亮，王新栋，齐浩，等，2021. 小麦数字化育种系统的开发与实现［J］. 河北农业科学，25（6）：93-98.

黄耀辉，焦悦，吴小智，等，2022. 生物育种对种业科技创新的影响

[J]. 南京农业大学学报，45（3）：413-421.
焦欣磊，范龙秋，林团荣，等，2022. 数字化技术在马铃薯育种上的研发与应用［C］. 黑龙江：黑龙江科学技术出版社.
解沛，宋子涵，熊明民，2022. 中国种业发展现状与对策建议［J］. 农业科技管理，41（1）：9-12.
李阿蕾，戴志刚，陈基权，等，2023. 机器学习在植物表型中的应用进展［J］. 中国麻业科学，45（5）：248-253，260.
李明，2015. 分子模块设计育种引领未来育种科技新方向：中国科学院战略性先导科技专项"分子模块设计育种创新体系"简介［J］. 中国科学：生命科学，45（6）：591-592.
李晓曼，张扬，徐倩，等，2019. 基于文献计量的植物表型组学研究进展分析［J］. 农业大数据学报，1（2）：64-75.
农发行粮食安全战略研究课题组，修竣强，2021. 我国粮食安全战略问题研究［J］. 农业发展与金融（11）：32-37.
却志群，沈春修，卢其能，2011. 东乡野生稻种质资源的抗性研究进展［J］.贵州农业科学，39（1）：12-16.
田志喜，刘宝辉，杨艳萍，等，2018. 我国大豆分子设计育种成果与展望［J］. 中国科学院院刊，33（9）：915-922.
汪清，2021. 花生种质资源主要农艺和品质性状的鉴定与筛选［D］. 合肥：安徽农业大学.
王瑞云，王计平，李润植，2010. 水稻基因组序列研究进展［J］. 山西农业科学，38（10）：74-77.
王术坤，韩磊. 中国种业发展形势与国际比较［J］. 农业现代化研究：1-9.
向修维，2015. 现代数字育种技术的研究进展分析［J］. 福建农业（8）：119.
杨翠红，林康，高翔，等，2022. "十四五"时期我国粮食生产的发展态势及风险分析［J］. 中国科学院院刊，37（8）：1088-1098.
余斌，2018. 引进马铃薯种质资源表型多样性分析及块茎品质的综合评价［D］. 兰州：甘肃农业大学.
中共中央党史和文献研究院，2022. 论"三农"工作［M］. 北京：中央文献出版社.
周正平，占小登，沈希宏，等，2020. 我国水稻育种的现状与进展

[J]. 粮食科技与经济，45（6）：10-11.

GHANEM M E，MARROU，HÉLÈNE，et al.，2015. Physiological phenotyping of plants for crop improvement [J]. Trends in Plant Science，20（3）：139-144.

HARFOUCHE A L，JACOBSON D A，KAINER D，et al.，2019. Accelerating climate resilient plant breeding by applying next-generation artificial intelligence [J]. Trends in biotechnology，37（11）：1217-1235. DOI：10. 1016/j. tibtech. 2019. 05. 007.

PINOSIO S，MARRONI F，ZUCCOLO A，et al.，2020，A draft genome of sweet cherry（*Prunus avium* L.）reveals genome-wide and local effects of domestication [J]. Plant journal，103：1420-1432.

SONG P，WANG J，GUO X，et al.，2021. High-throughput phenotyping: Breaking through the bottleneck in future crop breeding [J]. Crop journal，9（3）：13. DOI：10. 1016/j. cj. 2021. 03. 015.

ZHE，LIU，FAN，et al.，2015. Advances in crop phenotyping and multi-environment trials [J]. Frontiers of agricultural science and engineering，1（2）：30-39.

ZHU C，YU H，LI J Q，2024. Deep learning-based association analysis of root image data and cucumber yield [J]. The plant journal，118（3）：696-716. DOI：10. 1111/tpj. 16627.

第三章　基于生命周期的作物表型数据管理研究

第一节　数据的生命周期

一、数据生命周期理论

生命周期最初是基于生命基因组学的专业名词，最原始的意义是指任何一个类别的生物体从出生、成长、成熟、衰老到死亡的一个全生命过程。起初，生命周期一词多用于传统意义的具有生命特征的群体，如生物、人类等领域，后来被泛用于政治、经济、环境、技术、社会等诸多领域。20 世纪 60 年代为解决能源危机问题，美国和英国相继开展能源利用研究，生命周期评价的概念逐步形成。80 年代，美国学者 Leitan 第一次将“生命周期”理论引入信息管理领域，认为信息资源具有自身生命周期特征，即生产、成熟、组织、管理、成长及分配。90 年代，美国著名学者 TAYLOR，认为信息资源生命周期大致包括数据获取、生产和实践过程。

数据的生命周期理论具有 3 个显著特征：①每个研究对象的生命周期过程都是连续不断的；②体现在时间属性上便是不可逆转的；③一个生命周期的结束被下一个生命周期所更新，两轮周期之间或是循环存在，或是更新迭代的（马费成等，2010）。数据通常比所在的科学研究项目具有更长的寿命。科学研究人员在科研项目结束后继续从事相关研究，有可能会分析原有数据或添加新的数据，数据也可能被其他研究人员重复使用并改变其用途。如果在科研项目期间得到合理科学的保存、良好的管理，并且可长期被访问，数据将有机会被再次利用，充分挖掘其潜在价值。

科学数据产生于科学实验、调查、观测等科学研究活动，服务于科研工作者，其生命周期与科研工作流程紧密相关。从现有文献来看，根据研究内容的不同，科学数据生命周期各阶段划分略有不同，但大致可分为数据计划、数据获取（生产）、数据处理、数据存储、数据共享（重用）5 个阶段。杨传汶在此基础上增加了数据更新阶段，并提出了基于科研动态的数据服务，如协助制定数据计划、设计元数据、提供保存工具、提供领域专家信息、提供数据检索服务、数据评价交流和协助数据更新完善等。储节旺将数据共享细分为共享、分析、再利用 3 个环节，构建了科学数据管理体系，包括科学数据管理制度、管理风险防控体系、数据质量评估和基于科学数据生命周期的数据资源配置、技术支持、人才队伍建设和信息素养培育。夏义堃从学科特性和学术伦理角度出发，认为应从基础层（政策标准、基础设施、数据能力、资金保证）、流程控制层（数据管理计划、采集、组织、保存、共享利用）和主体层（资助机构、研究机构、出版商、数据平台）3 个层面对生命科学数据进行质量控制。陈欣进行社会科学数据特征研究，将数据生命周期简化为创建、分析、公开 3 个阶段。姚占雷基于人文社科数据生命周期各阶段特点，构建了数据管理平台，满足人文社科研究学者科研需求。生命周期是一种有效的分析工具，可以清晰地反映数据创建后各阶段特点。

二、作物表型数据生命周期模型

作物表型数据是重要的科学数据，根据数据的特点其生命周期可以分为数据采集（资源建设）、汇交、加工、长期保存、共享 5 个阶段（模型见图 3.1）。

作物表型数据采集（数据资源建设）是数据从无到有的起源阶段。作物表型数据主要产生于高校、科研机构的科研活动或育种相关企业农业生产，包括农艺性状数据、抗性数据、生理数据、品质数据等。

数据汇交是指将多个来源的数据集中起来进行管理。近年来，科学数据资源建设、管理与共享得到了世界各国政府、科研机构的高度重视，相关国际组织和科学数据平台格外活跃。我国于 21 世纪初开始建设数据平台，2014 年建成地球系统、人口与健康、农业等 8 个领域的国家科技资源共享

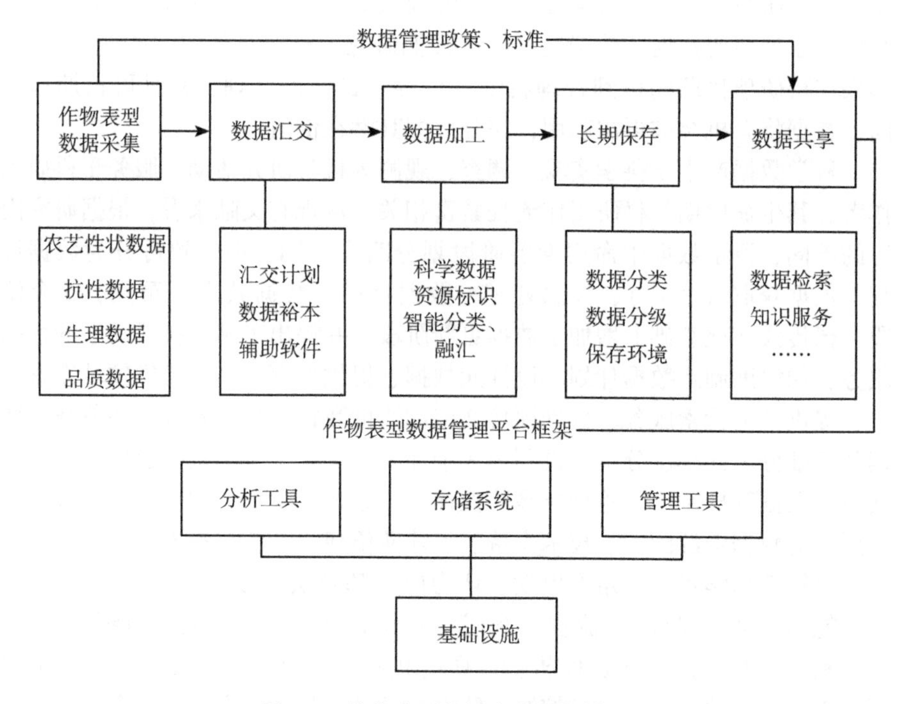

图 3.1　作物表型数据生命周期模型

平台，2019 年科技部、财政部对原有国家平台进行优化调整，形成了 20 个国家科学数据中心，推进相关领域科技资源向国家平台汇聚与整合。按照《科学数据管理办法》和《国家科技资源共享服务平台管理办法》要求，各级科技计划（专项、基金等）管理部门应建立先汇交科学数据，再验收科技计划（专项、基金）项目的机制。政府预算自己资助的各级科技计划（专项、基金等）项目所形成的科学数据，应由项目牵头单位汇交到相关科学数据中心。除了科技项目数据、长期观测科学数据，学科领域自建数据也可以提交至科学数据管理机构。例如，作者在发表论文时，期刊往往要求论文使用的数据同时发表，但并不是所有期刊都能提供数据存储服务。这时作者可以将数据提交至科学数据管理机构进行公开发表。

数据加工也被称为数据处理、数据预处理或数据清洗，其主要目标是从原始数据中提取有价值的信息，并将其转换为易于理解、分析和使用的格式。为满足实际需求，育种数据必须经过加工，其目的是排除原始数据存在的问题，为进一步数据融合做准备。数据加工针对元数据和数据实体，通过添加科学数据资源标识、科学数据分类、融汇等加工控制数据质量，进行规范化管理。

科研项目结束后，数据的生命周期并没有结束。数据长期保存能够保留历史记录和知识，为未来的分析和研究提供基础。由数字支撑的数字信息，与传统的文献信息相比，在其自身的存储、传输和持久保存方面存在着一系列与生俱来的问题。数据长期保存要对数据进行分类分级管理，保证数据存储环境安全，数据真实可靠，在未来能够被使用者理解和应用，实现对科学研究过程的追溯。

数据共享能够为研究人员提供更多的数据资源，帮助他们更好地理解问题、发现新关联。数据共享还可以避免重复收集相似数据，提高数据利用率，降低成本。数据管理的最终目的是实现数据共享，数据平台将汇交数据的元数据在网络上进行共享，提供数据检索服务，拓展数据获取途径。

数据管理政策是组织或机构制订的用于管理和保护数据的规定和流程，旨在确保数据的安全性、合规性和有效性。科学的数据管理政策有助于维护数据的安全性、隐私性和可靠性，确保数据在遵守法律的前提下得到恰当处理。数据标准是为保障系统内外部使用和交换的一致性和准确性而制定的规范性约束。通过数据管理标准的制定和发布，结合系统控制手段，可以实现数据的完整性、有效性、一致性、规范性和共享性管理。数据管理政策、标准是贯穿整个生命周期的。

第二节　基于生命周期的育种数据管理

一、数据管理政策、标准

1. 数据管理政策

数据管理与共享是全球数据学科乃至科学研究所重视的研究方向。国际上许多国家、数据机构、高等院校科研机构、图书馆系统、出版社都在不同的领域、层面、视角制定了科学数据管理制度。

（1）国外科学数据管理政策

为了科学数据的研究与发展，欧洲研究委员会（European Research Council，ERC）颁布了《科学出版物和科学数据开放获取实施指南》，明确了接受自己资助的科学数据计划需要开放共享，实现数据的最大价值；美国颁布了《促进联邦资助科研项目成果的公众访问备忘录》，目的是减少数据利用限制范围，明确数据管理计划，将数据的管理与法律规范相结合，英国同样颁布了数据政策旨在规范数据管理，加大建设知识库以满足数据的开放存储。

国外许多高等院校、研究机构遵循政策，以本领域学科数据的需求与发展计划为出发点，分别制定了各类政策，旨在规范数据的有效管理。例如，美国哈佛大学（Harvard University，USA）针对“科研数据与资料的保存”制定了政策，英国剑桥大学（University of Cambridge，UK）针对数据的开放共享制定了“科研数据管理政策”。相比较而言，目前美国对于数据的管理更侧重于数据的存储，而英国则侧重于数据的利用。澳大利亚的墨尔本大学（The University of Melbourne，AUS）同样颁布了数据管理政策，注重的是全生命周期的约束。

（2）国内科学数据管理政策

我国为了加强数据的管理，实现数据的开放共享，也紧随世界发达国家的脚步，逐步出台数据管理政策。2006年，国务院印发了《国家中长期科学和技术发展规划纲要》，明确了对于国家财政计划支持的项目，其产出的科学数据要逐步分层级地有效管理，早日实现共享。2018年国务院正式印发了《科学数据管理办法》，这个文件指出对于数据管理的职责定位要清晰，针对基于生命周期的流程管理要步骤分明，各项目承担单位、各项目负责人应切实担起职责。与此同时，各个学科、各个领域要针对数据特征完善数据管理政策，尤其是国家财政资金支持项目，对于所产生的科学数据需汇交至本单位。上级单位要做好数据的管理、审查、监管工作。

数据政策的颁布对于数据的管理至关重要，许多科研领域的新兴发现都源于核心的数据，配合信息技术的手段，将知识发现与数据有机结合，推动科技发展。目前，我国科学数据管理应用大部分集中在自然学科或工程管理学科，与各个科研活动、科研项目规模内容相比，仍有很多应用空间。

2. 数据管理标准

数据管理标准确保数据在系统内部得到一致的处理和加工，包括数据采集、汇交、格式交换、质量控制、元数据等标准规范。科学的数据管理标准有助于计算机识别和处理数据，促进数据互操作性并确保数据质量。这里仅对数据采集、质量控制和元数据标准进行介绍。

（1）数据采集标准

数据采集标准是数据采集各阶段需要遵循的基本规则，对采集对象、采集方法、原始数据的获得与记录等过程进行定义和结构化，使数据采集无歧义，便于计算机理解与记录。数据采集对象应明确其位置属性、时间属性和基本特点。采集指标需经过数据化标准专家、领域专家的标准化处理，形成可直接组成独立于语法数据交换格式、可重用的数据采集指标。采集的原始数据不允许修改，确保数据记录的连续性和完整性。

（2）数据质量控制

数据质量是影响科学数据重用的关键性因素之一，而农业科学数据由于其内容的广阔性、结构的复杂性，数据质量控制尤为重要。针对农业科学数据特点，数据中心制定了农业科学数据质量检查与控制规范。农业科学数据质量应从定量与非定量标准两方面进行控制。数据质量定量评估标准：①完整性，数据集合是否存在冗余数据或缺少数据；②逻辑一致性，即数据概念是否符合概念模式规则、值是否在值域范围内、数据存储与数据集物理结构是否一致、数据集拓扑关系是否一致；③位置精度，包括绝对精度、相对精度和栅格数据位置精度；④时间精度，包括时间测量精度、时间一致性、时间正确性；⑤专题精度，即数据分类是否正确、非定量属性描述是否正确、定量属性精度如何。数据非定量评估标准主要包括：数据集创建目的是否说明，数据用途是否填写，以及数据志是否记录清晰。在数据控制管理过程中，这两种类型的数据质量评估结果都应当被提供，每个数据质量结果有一个数值类型，且这个结果可以被计算机识别。

（3）元数据标准

元数据标准对完整描述数据对象的数据项集合、著录规则进行了定义，适用于资料共享、数据发布、数据集编目、数据交换和网络查询服务等。元数据应提供标识、内容、分发、质量、表现、参照、图示表达、扩展、限制和维护等信息。元数据标准体系分为标准和引用两部分。标准部分包括标识信息、内容信息、分发信息、数据质量信息、数据表现信息、参照系信息、图示表达目录信息、扩展信息、应用模式信息、限制信息和维护信息；引用部分包括覆盖范围信息及引用和负责单位信息。元数据实体可按需要聚集或重复以满足标准规定的必选要求和领域的其他要求。对于公共元数据来说，标识信息为必选项，其他信息为可选项。元数据内容框架见图 3.2。

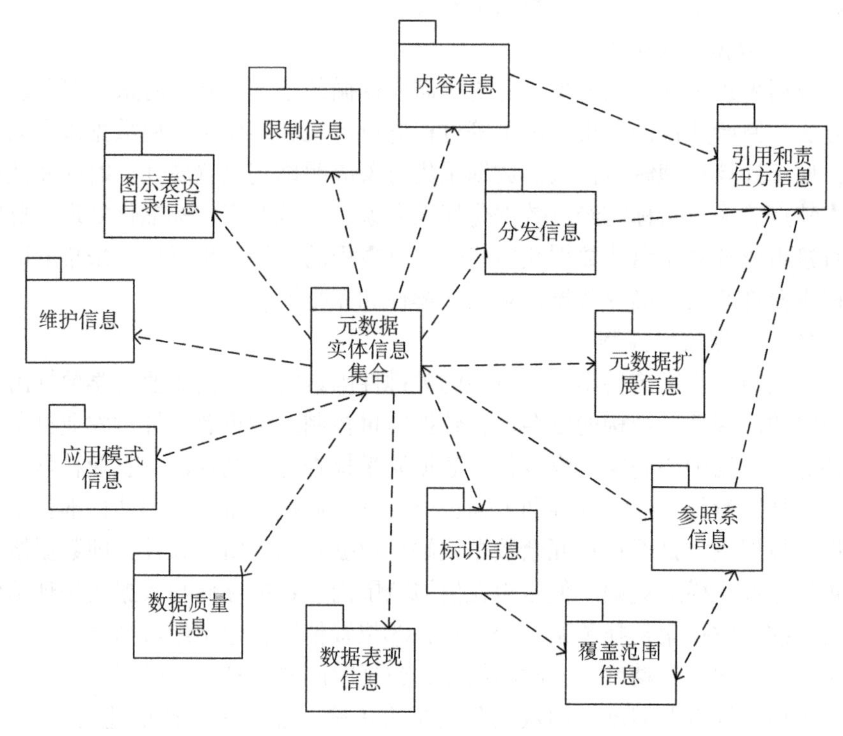

图 3.2　元数据内容框架

二、数据汇交与加工

1. 数据汇交管理

科研项目单位、企业或数据持有者将数据汇交给科学数据中心（数据管理平台），科学数据中心作为数据管理机构对汇交数据进行管理与加工维护。为了对数据来源、质量和内容进行控制，数据汇交内容包括汇交方案、质量自查报告和科学数据。汇交方案应明确以下内容：数据汇交义务人、数据的种类和范围、数据产生方式、数据格式、数据管理机构、数据质量说明、汇交形式和进度、数据的科学价值和使用领域、数据保护期限和其他说明事项。项目承担单位对数据的真实性、完整性、一致性进行自查后提交质量自查报告。科学数据是项目数据汇交的核心，应包含实体数据、数据描述信息和辅助工具软件。科学数据管理中心配备专门的数据保管人员，采取现代化的手段保存数据，保证汇交数据安全；同时积极创造条件，保证农业科学数据的合理利用，推动数据共享。数据中心对汇交的科学数据进行分类、分级存储和管理，确保数据的物理安全。科学数据中心在数据验收后及时公布项目汇交科学数据元数据，在保护项目承担单位合法权益的基础上，做好数据共享和服务工作。

2. 数据加工

数据加工是指利用科学研究环境中的数据处理软硬件资源，根据用户需求，对相关数据进行加工，并得到数据产品提供给用户的服务过程。数据加工服务可以减少用户在本地数据处理软硬件资源上的时间和资金投入，使用户更专注于科研问题研究本身。数据加工过程，应根据数据管理政策和相关的国家标准、国际标准、学科领域标准规范或其他应用方案，完成加工工作的组织管理、数据规范的制订和数据加工流程的规划，并严格贯彻实施，保质保量完成数据加工任务。

汇交的原始数据不能直接在网络上共享，还需要经过一定的加工处理。元数据加工包含对元数据的描述信息、数据分类、数据融合、实体格式等信息的加工。在元数据层面，对照科学数据元数据标准，补全元数据的必选项，对于可选项，则根据学科领域要求进行适当的扩展或删除。例如，①元数据不全问题，常见于缺少描述信息、地址信息、邮编地址信息等字段，需要补全；②实体数据格式问题，常见于格式错误、格式可读性差（以 PDF 报告提供数据、以图片形式提供表格数据）等，需要进行修正、识别和提取；③实体数据字段问题，常见于字段定义不规范、字母字段缺少含义解释等，需要进行修改和标注；④数据可用性不足，常见于提交的论文、报告、证书等不可用，需要进行修改。

科学数据中心还需为数据添加数据身份标识（CSTR）。科技资源标识是科技资源实体唯一身份编码，例如，海南岛热带作物种质资源考察库，其科技资源标识为 CSTR：17058. 11. E0015. 20210616. 00. ds. 0385。其中，CSTR 为中国科技资源代号，17058 为国家农业科学数据中心代码，11 表示该资源类型为科学数据，E0015 表示数据生产者所在单位（示例单位为中国热带农业科学院科技信息研究所），20210616 为数据创建日期，00 两个数字分别表示数据来源为调查，类型为数值型，ds 表示该资源为数据集合，最后 4 位为数据流水编码，其结构如图 3. 3 所示。

对于数据实体，需进行一致性检测（生成 MD5 码）和智能分类、融汇。例如，①基于同一种作物，对不同项目产生的汇交数据中涉及本作物的内容进行提取、标注和统一量度，并进行跨数据集融合，以构建针对本作物

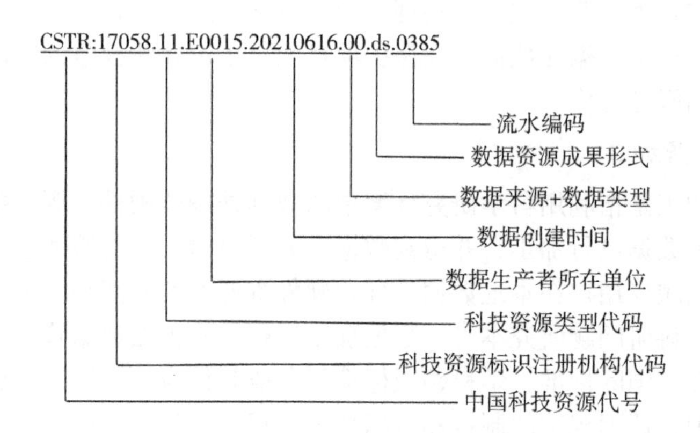

图 3.3　农业科技资源标识符结构示意图

的数据专题；②基于某地理区域，进行坐标计算后，针对多个数据集，对涉及本地理区域范围的数据进行提取，并进行跨数据集融合，以构建针对本区域的数据专题。

三、数据长期保存

作物表型数据是研究作物遗传特性、性状表达、遗传规律的宝贵资料，为基因功能解析、育种机理研究提供了基础数据。历年作物表型数据包括育种过程中的成功经验和失败教训，可以为未来育种项目提供参考。数据长期保存有助于跨机构、跨国界的研究合作，促进知识共享。育种数据是连接作物遗传资源、育种研究和现代农业生产之间的重要桥梁，数据长期保存对保护遗传资源，保护粮食安全，支持农业可持续发展有重要作用。

数据资源长期保存是各国图书馆和相关信息平台及其关注的战略问题，自 2004 年至今，数字资源长期保存国际会议（IPRES）已经召开 17 届。该会议是世界范围内专门研究、交流和推进数字资源长期保存最主要的学术会议。我国是 2004 年 IPRES 首届国际会议的倡议国，同时还主持承办了第 4 届、第 17 届 IPRES 会议。

1. 长期保存系统原则

数字信息与传统的文献信息相比，在其自身的存储、传输和持久保存方面存在着一系列与生俱来的问题，数字信息保存与传统文献信息的保存存在着重大差别。数字信息的存活和使用必须得到特别的维护和管理，数字保存既要通过一系列对数字信息进行持续管理和维护的活动，以确保数字信息长期存活，也要保证数字信息真实可信，能够被未来的使用者所理解和应用。

美国佛罗里达图书馆自动化中心（Florida Centre for Library Automation，FCLA）的研究人员 Priscilla Caplan 所提出的数字保存金字塔模型，较为清楚地揭示了数字保存活动所要达到的层次目标。数字资源保存被定义为一组活动，因此，最容易通过询问这些活动的目标来实现。尽管有争论，但大多数人都同意的一组核心目标包括确保数字信息的可获得性、可标识性、完整性、持久性、可呈现性、真实性和可理解性（图 3.4）。

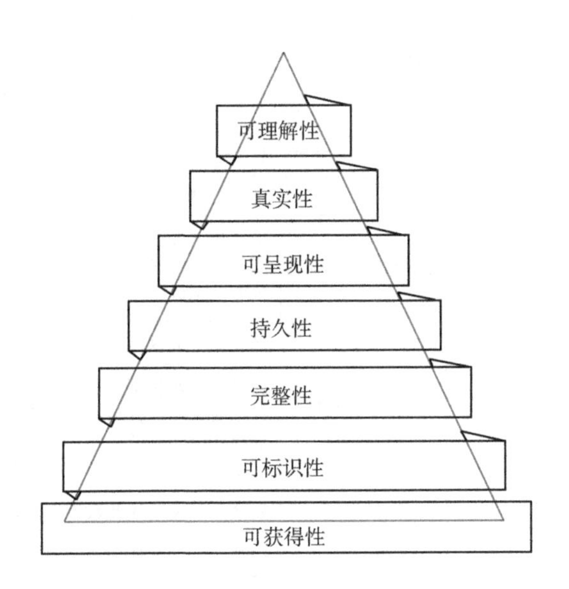

图 3.4　数据长期保存原则

2. 数据质量评价体系

数据长期存储是为了确保数据的可用性，以便于未来再次开发利用。因此，数据的质量控制至关重要。制定数据质量评价指标是实现质量控制的有效手段，围绕数据实体质量和元数据质量两个维度，分层分级对指标进行细化。从数据存储、数据查看、数据质量与数据一致性 4 个方面对数据进行评价。制定完善的质量评价指标体系，有助于保障数据质量，促进数据开放共享，实行数据的可获取、可理解、可评估和可重用的目标。评价指标的具体要求见表 3-1。

表 3-1　科学数据质量评价指标体系

<table>
<tr><th>评价项目</th><th colspan="2">评价指标</th><th>具体要求</th></tr>
<tr><td rowspan="14">数据质量</td><td rowspan="2">数据存储</td><td>存储位置</td><td>数据存储在可靠且适合的存储库中</td></tr>
<tr><td>标识符</td><td>要求提供数据集存储的永久性标识符</td></tr>
<tr><td rowspan="2">数据查看</td><td>可访问</td><td>该数据集可以访问和查看（便于读者快速阅览，且包含主要元数据信息的预览展示页面）</td></tr>
<tr><td>相关信息</td><td>用于查看数据的软件应提供了包括版本信息在内的相关信息等</td></tr>
<tr><td rowspan="8">数据质量与丰度（完整性）</td><td rowspan="3">数据格式与标准</td><td>数据格式和数据结构（包括产生、测试和处理数据集的所有变量和参数）恰当合理，符合业内标准</td></tr>
<tr><td>数据格式规范，数据可视化图表清晰</td></tr>
<tr><td>引用他人数据记录符合数据共享与利用指南</td></tr>
<tr><td>方法描述详尽程度</td><td>数据生产的实验设计、数据采集和处理方法严谨、合理</td></tr>
<tr><td>数据完整性与丰度</td><td>根据作者的研究内容，数据的深度、范围、大小及（或）完整性应充分覆盖，数据值应落在预期范围内</td></tr>
<tr><td rowspan="2">质量控制或评估</td><td>该数据不应该含有明显的错误</td></tr>
<tr><td>提供关于数据质量方面可信的技术验证实验、数据质量统计分析及误差分析，如异常值的识别与处理、参考标准的校对、误差数据及相关精度、连续性数据中的缺失断点等情况</td></tr>
<tr><td rowspan="2">数据一致性</td><td>逻辑一致性</td><td>元数据相关描述及数据实体与研究的逻辑一致</td></tr>
<tr><td>描述一致性</td><td>数据集与元数据相关描述一致</td></tr>
</table>

3. 数据资源分类体系

建立完善的数据资源分类体系，有助于提高数据的可靠性、安全性和可用性。参考农作物种质资源分类，对育种数据资源目录信息进行编制，归并总结为三级分类体系，其中一级分类 10 个，二级分类 41 个，详见表 3-2。数据分类存储便于用户浏览和检索。

表 3-2　农作物资源体系分类

一级分类	二级分类	三级分类
粮食作物	稻类	栽培稻、野生稻、杂交稻、水稻不育系、水稻保持系、水稻恢复系
	麦类	小麦、小麦稀有种、小麦野生近缘植物、大麦、野生大麦、燕麦
	杂粮	玉米、高粱、谷子、黍稷、其他黍类、荞麦
	豆类	大豆、野生大豆、绿豆、蚕豆、小豆、豌豆、豇豆、普通菜豆、多花菜豆、饭豆、木豆、刀豆、黎豆、扁豆、利马豆、四棱豆、小扁豆、鹰嘴豆、山藜豆
	薯类	甘薯、马铃薯、木薯
纤维作物	棉花	
	麻类	亚麻、苎麻、红麻、黄麻、大麻、青麻、茼麻、龙舌兰麻
油料作物	油料作物	油菜、花生、芝麻
	特油作物	向日葵、红花、苏子、蓖麻
蔬菜	根菜类	萝卜、胡萝卜、芜菁、芜菁甘蓝、根芹菜、美洲防风、根甜菜、婆罗门参、牛蒡、黑婆罗门参
	白菜类	结球白菜、不结球白菜、乌塌菜、紫菜薹、菜薹、薹菜
	芥菜类	叶芥菜、茎芥菜、根芥菜、薹芥菜、子芥菜
	甘蓝类	结球甘蓝、球茎甘蓝、花椰菜、青花菜、芥蓝、抱子甘蓝
	瓜类	黄瓜、西葫芦、南瓜、笋瓜、冬瓜、节瓜、苦瓜、丝瓜、瓠瓜、蛇瓜、菜瓜、越瓜、黑子南瓜、西瓜、甜瓜、佛手瓜
	茄果类	番茄、茄子、辣椒、酸浆
	菜用豆类	菜豆、莱豆、多花菜豆、刀豆、长豇豆、毛豆、豌豆、蚕豆、扁豆
	葱蒜类	韭菜、大葱、分葱、红葱、胡葱、洋葱、韭葱、楼葱、南欧蒜、大蒜、芄头
	绿叶菜类	菠菜、芹菜、苋菜、蕹菜、叶用莴苣、茎用莴苣、茴香、芫荽、叶甜菜、落葵、茼蒿、荠菜、冬寒菜、罗勒、番杏、金华菜、紫背天葵、鸭儿芹、紫苏、香芹菜、罗汉菜、苦苣菜、菊苣、芝麻菜、薄荷、菊花脑、莳萝
	薯芋类	豆薯、芋、姜、洋姜（菊芋）、山药、魔芋、草石蚕、葛
	水生蔬菜	莲、茭白、水芹、荸荠、菱、莼菜、豆瓣菜、慈姑、芡实、蒲菜
	多年生及其他蔬菜	竹笋、香椿、黄秋葵、黄花菜、石刁柏（芦笋）、百合、枸杞、霸王花、花椒、独行菜、黑种草、藿香、朝鲜蓟

（续表）

一级分类	二级分类	三级分类
果树	仁果类	苹果、梨、山楂、刺梨
	核果类	桃、扁桃、杏、李、樱桃、欧李、果梅、稠李、枣、扁核桃
	浆果、小浆果类	葡萄、猕猴桃、草莓、柿、无花果、石榴、树莓、醋栗、穗醋栗、越橘、果桑、茶藨、忍冬、沙棘、荚蒾、蔷薇、五味子、刺五加、小檗、花楸
	坚果类	核桃、板栗、榛子、长山核桃、山核桃、银杏、阿月浑子
	柑橘类	宽皮柑橘、甜橙、柚、柠檬、葡萄柚、金柑、枳、大翼橙、酸橙、指来檬
花卉	常用花卉	牡丹、芍药、月季、杜鹃花、茶花、菊花、百合、荷花
	观赏蕨类	
糖烟茶桑	糖料作物	甘蔗、甜菜、甜菊
	烟草	
	茶树	
	桑树	
牧草绿肥	牧草	
	绿肥	
热带作物	热带、亚热带果树	香蕉、菠萝、荔枝、龙眼、杨梅、枇杷、连雾、番石榴、番木瓜、番荔枝、橄榄、余甘子、黄皮、杨桃、人心果、芒果、椰子、腰果、油梨、木菠萝、澳洲坚果、红毛丹、西番莲
	热带特种蔬菜	
	热带花卉	
	热带牧草	
	南药	
	其他热作	咖啡、胡椒、油棕、橡胶树、香茅、槟榔
其他作物	其他作物	籽粒苋、地肤、薏苡、藜

4. 数据安全分级

育种数据内容来源广泛，不同数据涉及粮食安全、种子安全、生物安全、经济安全等情况复杂，必须根据数据的重要程度和涉及的安全问题情况进行分级管理。数据安全分级是按照数据遭受破坏后造成的影响进行安全等级划分，以达到对不同安全等级的数据实施不同安全防护的目的。农业科学数据分级根据数据遭受破坏后所造成的影响等从高到低分为 5 级、4 级、3 级、2 级、1 级等指导性的分级初始值，各级判断准则如下。

5 级数据判断准则：数据遭受破坏后，对国家安全产生较大影响的农业数据，通常包括地形地貌、遥感影像、气候资源等；数据安全性遭到破坏后，对公众权益或农业企业利益造成严重影响，如科技成果、转基因库等。

4 级数据判断准则：数据遭到破坏后，对公众权益造成一般影响，或对个人隐私或农业企业合法权益造成严重影响，但不影响国家安全，如农业科研项目投资、农业金融与投资等。

3 级数据判断准则：数据用于部分场景，一般针对特定人员公开，且仅为必须知悉的对象访问或使用，如产品追溯、产地追溯等；数据遭到破坏或数据安全性遭到破坏后，对公众权益造成轻微影响，或对个人隐私或农业企业合法权益造成一般影响，但不影响国家安全，如种质资源等。

2 级数据判断准则：只对部分受限用户公开，通常指内部管理且不宜广泛公开的数据，如农业区划等；数据的安全性遭到破坏后，对个人隐私或企业合法权益造成轻微影响，但极小影响国家安全、公众权益，如农产品质量追溯等。

1 级数据判断准则：数据一般可被公开或可被公众获知、使用，如组织机构等；农业组织或农业科学数据管理者主动公开的信息，如生产许可等。数据遭到破坏或数据安全性遭到破坏后，可能对个人隐私或农业企业合法权益不造成影响，或仅造成微弱影响，但不影响国家安全、公众权益，如商品信息等。

数据长期需要使用质量较好的存储介质，延长数据保存时间。不管存储在什么介质里，都需要定期检查、修复，实现定期转存。备份方案根据数据安全级别进行区分，重要数据至少保存 3 份。数据保存使用标准的、可互相兼容的或开放的、无损的数据格式。如文本文件应选择 ODF 格式，表格文件应选择 ASCII 格式，视频文件应选择 MPEG-4 格式，图片文件应选择 TIFF 或 JPEG2000 格式，网页应选择 XML 或 PDF 格式。

四、数据共享服务

科学数据共享是指科学数据不受其拥有单位的限制而可以在更大范围内被利用的一种业务合作与共享方式。数据共享方式可分为科学数据平台网络共享和数据出版共享两种方式。数据共享平台可促进数据的长期保存，帮助科技工作者有效管理数据、统一数据的引用标识符、提高数据的可发现性。

近年来，科学数据资源的建设、管理与共享工作得到了世界各国政府、科研机构和科学家的高度重视，相关国际组织和农业科学数据平台格外活跃。联合国粮食及农业组织（FAO）发布了农业环境指标、农业科技指标、土地利用、渔业资源等10多个数据库，积极促进农业科技创新研究。国际橡胶研究组织搭建了世界天然橡胶产业数据库，覆盖世界主要天然橡胶生产面积、产量、库存量、贸易量、市场价格及主要天然橡胶消费国消费量、进出口量、进出口价格等；国际椰子共同体、国际可可协会、国际胡椒组织等分别搭建了所对应的热带作物产业数据库，为热带作物产业经济研究提供了数据支撑。我国科学数据平台建设始于21世纪初，2014年建成地球系统、人口与健康、农业等8个领域的国家科技资源共享平台，2019年科技部、财政部对原有国家平台进行优化调整，形成了20个国家科学数据中心，推进相关领域科技资源向国家平台汇聚与整合。从科学数据资源建设现状来看，构建科学数据平台，促进数据共享是未来发展趋势。国内主要的农业科学数据共享平台见表3-3。

表3-3　农业科学数据共享平台（赵瑞雪，2019）

序号	平台名称	维护机构	网址	主要服务内容
1	FAO统计数据	FAO统计司、贸易及市场司，以及FAO技术部门	http：//www.fao.org/statistics/databases/en	提供粮食安全、经济、农业环境、生产和贸易、世界农业普查等方面的统计数据的查找、浏览与下载服务
2	美国农业部数据中心	美国农业部	https：//www.usda.gov/topics/data	提供自然灾害、农田、食物与营养、林业、健康和安全、植物、农村、贸易等方面的数据查询、检索、浏览和下载等服务
3	全球生物多样性数据中心	GBIF秘书处、各成员节点	https：//www.gbif.org/dataset/search	提供全球生物物种信息的检索、查询和下载等服务
4	联合国环境规划署环境发展数据中心	联合国环境规划署及其成员国	http：//geodata.grid.unep.ch	提供农产品、气候、经济、化肥和农药消费与生产、健康、土地、海洋和沿海地区等数据的查询及检索服务，还提供数据下载服务，数据类型包括地图、图表和数据表等
5	世界数据中心-土壤中心	国际土壤参考资料和信息中心（ISRIC）	https：//www.isric.online	提供全球各地土壤数据的共享服务，并对数据引用做出明确规定

（续表）

序号	平台名称	维护机构	网址	主要服务内容
6	全球变化总目录（Global Change Master Directory）	国家航空和宇宙航行局（NASA）	https：//gcmd.nasa.gov/KeywordSearch/Keywords.do？Portal=GCMD&KeywordPath=Parameters%7CHome&MetadataType=0&Columns=0	提供农业领域数据发现和免费数据集处理工具查找等服务，数据查找主要是发现和获取数据集的描述，即元数据信息，其中涉及农业领域数据集2 400多个
7	美国国家环境信息中心	美国国家海洋和大气管理局卫星信息服务处	https：//www.ngdc.noaa.gov	提供公众获取国家地球物理数据和信息的服务。提供服务的数据包括全球水深测量、地球观测群、海洋地质与地球物理、自然灾害数据、空间气候等
8	NASA 社会经济数据和应用中心	哥伦比亚大学地球研究所	http：//sedac.ciesin.columbia.edu/data/collection/povmap/about	提供贫困和不平等方面的数据共享服务，如高空间分辨率的国家以下各级贫穷和不平等估计数，供人们用于贫穷、不平等和环境等领域的跨学科研究
9	戈达德地球科学数据和信息服务中心	美国宇航局戈达德太空飞行中心	https：//disc.gsfc.nasa.gov/information？page=1&keywords = agriculture	提供地球科学数据共享服务，其中涉及农业领域的科学数据集 196 个，可在线浏览、检索和下载
10	遗传资源共享中心（日本）	日本国家遗传学研究所	http：//shigen.nig.ac.jp/shigen/about/database.jsp	提供生物信息学研究领域细胞、实验动物、作物、豆类、微生物等方面研究数据的查询、检索和下载等服务
11	NCBI 数据库	美国国家生物技术信息中心（NCBI）	https：//www.ncbi.nlm.nih.gov/guide/all	提供 Nucleotide、Genome、Structures、Taxonomy、PopSet 等数据库的检索和数据获取服务
12	Dryad 数据库	美国国家科学基金会	https：//datadryad.org	提供与科学数据出版物相关的科学数据下载和重新利用，学科范围主要涵盖生物、医学等领域，数据类型包括文本、图像、表格、音频、视频等，排除经期刊编辑部允许，暂时限制使用的数据

（续表）

序号	平台名称	维护机构	网址	主要服务内容
13	国家农业科学数据中心	中国农业科学院农业信息研究所	http：//www.agridata.cn	提供作物科学、动物科学与动物医学、草地与草业科学、渔业与水产科学、热作科学、农业科技基础、农业资源与环境科学、农业微生物科学、农业生物技术与生物安全、食品营养与加工科学、农业农村经济科学、农业工程十二大类农业科学数据服务
14	林业科学数据中心	中国林业科学研究院资源信息研究所	http：//www.cfsdc.org	提供森林资源、生态环境、森林保护与培育、材料科学等主体的科学数据资源的汇交、检索等服务
15	国家农作物种质资源平台	中国农业科学院作物科学研究所	http：//www.cgris.net	提供作物种质资源（又称品种资源、遗传资源或基因资源）的共享服务
16	国家水稻数据中心	中国水稻研究所	http：//www.ricedata.cn	提供中国水稻品种及其系谱数据、水稻功能基因数据等的共享与服务
17	江苏省农业种质资源保护	江苏省农业科学院	http：//jagis.jaas.ac.cn	提供农作物、水产、家养动物、林木资源等种质检索、系谱追溯等服务
18	水稻品种DNA数据库	湖南省农业科学院水稻研究所	http：//220.169.58.102/ricedb.nsf	主要提供水稻品种DNA指纹数据的查询、检索、标识核对等服务
19	家养动物种质资源平台	中国农业科学院北京畜牧兽医研究所	http：//www.cdad-is.org.cn	提供的服务内容包括猪、鸡、牛等畜禽和狐狸、鹿、貂等特种经济动物的活体、遗传物质和信息资源
20	中国动物主题数据库	中国科学院动物研究所、中国科学院昆明动物研究所、中国科学院成都生物研究所等	http：//www.zoology.csdb.cn/page/index.vpage	提供动物学研究领域的基础数据服务，包括脊椎动物代码数据库、动物物种编目数据库、动物名称数据库、中国动物志数据库、濒危和保护动物数据库等
21	中国饲料数据库	中国农业科学院北京畜牧兽医研究所	http：//www.chinafeeddata.org.cn	提供中国饲料成分及营养价值、外国饲料成分及营养价值数据，以及饲料样本数据、实体数据、动物需要量等数据服务
22	中国植物主题数据库	中国科学院植物研究所	http：//www.plant.csdb.cn	提供植物名称数据、植物图片数据、文献数据、药用植物、化石名录数据、化石标本数据等查找、检索等服务
23	中国植物物种信息数据库	中国科学院植物研究所	http：//www.plant.csdb.cn	提供植物名称数据、植物图片数据、文献数据、药用植物、化石名录数据、化石标本数据等查找、检索等服务

（续表）

序号	平台名称	维护机构	网址	主要服务内容
24	中国植物物种信息数据库	中国科学院昆明植物研究所	http：//db. kib. ac. cn	提供查询植物数据、植物名称信息，掌握药用植物、食用植物、经济植物、花卉观赏植物、云南高等植物信息及植物分布情况的详细信息等的服务，该数据库还包含了中国种子植物科属电子小词典和中国西南野生生物资源种质数据库
25	植物园主题数据库	中国科学院武汉植物园、中国科学院西双版纳热带植物园、中国科学院华南植物园	http：//www. plantpic. csdb. cn	集成和整合了武汉植物园的数据子库 17 个，西双版纳植物园的数据子库 14 个，华南植物园的数据子库 15 个，数据记录数1 223 185条，线描图谱 19 452幅，彩色图谱 112 864幅，生境视频 12 287段，定位数据82 198个
26	生物信息科学数据共享平台	上海生物信息技术研究中心	http：//lifecenter. sgst. cn/main/cn/index. do	提供生物信息数据资源汇交、管理和共享，生物医学数据库发布、托管与维护，生物信息数据分析等
27	国家微生物资源平台	中国农业科学院农业资源与农业区划研究所	http：//www. nimr. org. cn/indexAction. action	提供微生物资源的整合与共享，功能包括菌种、培养基的检索，以及菌种保藏、菌种供应、菌种鉴定、专属保藏、技术培训等服务
28	国家实验细胞资源共享平台	中国医学科学院基础医学研究所、中国科学院上海生命科学院、中国科学院昆明细胞库等	http：//www. cellresource. cn/content. aspx? id=601	提供组织细胞培养、细胞入库、细胞冷冻保存、支原体检测等服务
29	中国科学院科学数据库生命科学数据网格	中国科学院微生物研究所、中国科学院武汉病毒研究所、中国科学院计算机网络信息中心	www. biogrid. cn/search	提供微生物与病毒的信息资源整合，微生物与病毒基因组数据的浏览和可视化，常规生物信息学分析方法等服务
30	中国生态农业信息数据库	农业农村部环境保护科研检测所	http：//www. cgap. org. cn	提供生态农业基础数据、生态农业法规政策、论文著作、研究成果、区域典型模式和最新研究进展等数据服务
31	中国外来入侵物种数据库	农业农村部外来入侵生物预防与控制研究中心、中国农业科学院植物保护研究所	www. chinaias. cn/wjPart/index. aspx	提供物种信息、物种空间分布、物种调查和多媒体库等的查询功能，以及相关数据库的检索、风险评估、检测监测等服务

（续表）

序号	平台名称	维护机构	网址	主要服务内容
32	中国湿地与黑土生态综合集成数据库	中国科学院东北地理与农业生态研究所	www.neigae.csdb.cn	提供中国湿地科学数据，包括湿地专题图件、图片、湿地分布图等数据的浏览与下载服务
33	世界数据中心中国中心	世界数据中心中国国家协调委员会	http：//www.data.ac.cn/wdc/wdc/shiyan	包括地震数据、气象数据、地质数据、再生资源数据、空间数据、地球物理数据、海洋数据等元数据检索、数据集检索等服务
34	中国农业资源信息系统	中国科学院地理科学与资源研究所	http：//data.ac.cn/ny	提供农业八大资源数据库、宏观农业经济数据库、农业资源地图集、中国农业资源分布图集，以及其他图形数据库的查找与浏览服务
35	国家土壤信息服务平台	中国科学院南京土壤研究所	http：//www.soilinfo.cn：8080/WebSoil/aboutWebStation.jsp	提供土壤空间数据浏览及模型分析、土壤数据在线申请、土种数据检索、土壤类型参比检索、土壤样品资源检索、私有图层管理等服务
36	北京农业数字信息资源中心	北京市农林科学院农业科技信息研究所	http：//www.agridata.ac.cn/Web/AgriDataBase.aspx	提供宏观农业经济数据、农业资源地图集、中国农业资源分布图集，以及其他图形数据库的查找与浏览服务
37	黄河下游科学数据中心	河南大学环境与规划学院	http：//henu.geodata.cn/index.html	提供包括水、土、气、生物资源、灾害、三角洲、湿地、全球变化等学科前沿问题研究数据和黄河流域基础地理数据、乡级单元社会经济数据和水利水保工程数据为主体的数据的查找、检索与订购等服务

数据出版是数据共享的重要途径之一。数据出版可为数据引用提供标准的数据引用格式和永久访问的地址。科学数据的出版不仅是简单的数据发布，还将数据作为一种重要的科研成果，从科学研究的角度对科学数据进行同行评审和数据发表，以创建标准和永久的数据引用信息，供其他科学论文引证（王巧玲，2009）。通过数据出版可将科学数据通过互联网进行公开共享，支持提供者之外的研究人员或机构再利用（TonyH，2009）。

国际上很多期刊要求作者在学术论文正式发表前公开相关数据，例如，《自然》（*Nature*）、《科学》（*Sciences*）、《分子生物化学与进化》（*Molecular Biology and Evolution*）、《美国国家科学院院刊》（*Proceedings of the National Academy of Sciences USA*），这是数据出版的雏形。2008 年国际科学联合会

(ICSU) 提出了数据出版概念，将数据中心作为数据出版的重要组成部分（何琳，2014）。国际科技数据委员会（CODATA）创建的 Data Science Journal 即是专门刊登与数据有关文章的数据期刊。目前，我国已创办了几本专门的数据期刊，用以试点数据论文形式的科学数据出版，如《全球变化数据学报》《中国科学数据》《地球大数据》《农业大数据学报》等。《中国科学数据》是目前国内唯一的专门面向多学科领域科学数据出版的学术期刊，是国家网络连续性出版物的首批试点之一。《农业大数据学报》是我国农业领域首个综合报道大数据相关领域的理论方法、技术应用、产业发展、实体数据等的专业学术期刊，该刊的宗旨是报道国内外数据科学研究领域的新理论、新方法、新成果等最新进展，关注数据业务的创新和运营管理变革，提供农业领域学术交流平台。

对于数据的生命周期来说，数据共享是重要的生命阶段。数据共享可以使科研工作者充分地使用已有数据资源，减少资料收集、数据采集等重复劳动，把精力重点放在实验和数据分析上。数据共享减少了重复数据集，节省了时间和资源，加强了科研机构之间的沟通与合作，促进了科技创新。通过数据共享平台与数据出版，可以实现数据的长期保存，帮助科技工作者有效地管理数据、统一数据的引用标识符、提高数据的可发现性。

参考文献

陈丽君，2016. 基于生命周期模型的科学数据服务研究［J］. 图书馆研究与工作（3）：16-19.

陈欣，詹建军，叶春森，等，2021. 基于高校科学数据生命周期的社会科学数据特征研究［J］. 情报科学，39（2）：86-95.

储节旺，夏莉，2020. 嵌入生命周期理论的科学数据管理体系构建研究：牛津大学为例［J］. 现代情报，40（10）：34-42.

代佳欣，高凡，2021. 政府数据长期保存：概念认知、国际经验与本土实践［J］. 深圳大学学报（人文社会科学版），38（5）：124-134.

黄铭瑞，李国庆，李静，等，2019. 国家科学数据中心管理模式的国际对比研究［J］. 农业大数据学报，1（4）：14-29.

江闪闪，周斌斌，2021. 大数据背景下特色数字资源生命周期与长期保存模式研究［J］. 江苏科技信息，38（10）：5-10.

刘文云，岳丽欣，马伍翠，等，2018. 政府数据开放保障机制在数据质量控制中的应用研究［J］. 情报理论与实践，41（4）：21-27. DOI：10. 16353/j. cnki. 1000-7490. 2018. 04. 005.
刘兹恒，涂志芳，2020. 数据出版及其质量控制研究综述［J］. 图书馆论坛，40（10）：99-107.
魏悦，刘桂锋，2017. 基于数据生命周期的国外高校科学数据管理与共享政策分析［J］. 情报杂志，36（5）：153-158.
武彤，2019. 基于数据生命周期的美国研究图书馆科学数据开放共享服务研究［J］. 图书与情报（1）：135-144.
夏义堃，管茜，2021. 基于生命周期的生命科学数据质量控制体系研究［J］. 图书与情报（3）：23-34.
邢文明，2014. 我国科研数据管理与共享政策保障研究［D］. 武汉：武汉大学.
杨传汶，徐坤，2015. 基于生命周期的动态科学数据服务模式研究［J］. 图书馆论坛，35（10）：82-88.
杨乐，颜石磊，李洪波，2019. 科研数据生命周期研究和数据知识库理论架构［J］. 图书情报工作，63（1）：91-97.
姚占雷，谷俊，许鑫，2021. 全生命周期视域下人文社科研究数据管理平台的设计与实现［J］. 图书情报工作，65（7）：25-37.
张晓娟，唐长乐，2019. 管理视角下数字信息资源长期保存元数据研究进展［J］. 图书情报知识（3）：43-52. DOI：10. 13366/j. dik. 2019. 03. 043.
赵瑞雪，赵华，朱亮，2019. 国内外农业科学大数据建设与共享进展［J］. 农业大数据学报，1（1）：24-37.
周洁，2019. 研究数据的质量评价指标体系研究［J］. 图书情报导刊，4（12）：71-76.
AYDINOGLU A U，DOGAN G，TASKIN Z，2017. Research data management in Turkey：perceptions and practices［J］. Library hi tech，35（2）：271-289.
JURAEV，KH T，2017. Creating the geometric database for product lifecycle management system in agricultural engineering［C］//International conference on information science & communications technologies. IEEE：1-4. DOI：10. 1109/ICISCT. 2017. 8188573.
WEBER T，DIETER KRANZLMÜLLER，2019. Methods to evaluate lifecycle

models for research data management [J]. BIBLIOTHEK Forschung und Praxis, 43 (1): 75-81. DOI: 10. 1515/bfp-2019-2016.

WILKINSON M D, DUMONTIER M, AALBERSBERG I J, et al., 2016. The FAIR guiding principles for scientific data management and stewardship [J]. Scientific data, 6 (1): 167-172.

第四章　作物表型实验层级分解模型研究

作物表型数据的检测贯穿于品种繁育、品种测试的各个环节，为更好地管理、使用育种实验中产生的表型数据，加快作物育种进程，解决数据高度耦合、数据组织复杂、难以拆分等问题，本章进行作物表型实验层级分解模型研究。

第一节　育种实验层级分解方法研究

一、作物育种实验

根据所涉及的技术，作物育种可分为 4 个主要阶段，即育种 1.0~4.0，其中育种 4.0 仍在高速发展。每个阶段的提升，都建立在前一阶段的基础上，通过将现有技术与新技术结合，提高育种效率。

育种 1.0 始于 1 万~1.2 万年前，专业育种者几乎不存在，但当地农民基于作物表型选择培育植株，探索培育了近7 000种食用植物。《尚书》和《氾胜之书》记载了我国古代农民在农业生产中选择优良单株、优良单穗和混收留种的方法。

育种 2.0 始于 19 世纪末至 20 世纪初，人们意识到近亲繁殖衰退，达尔文的进化论及孟德尔发现的遗传规律被重视。随后科学家们又提出了染色体、基因的概念，为作物育种的发展提供了扎实的理论。经过半个世纪的发展，作物育种技术取得巨大的进步，以杂交育种方法为核心的常规育种技术理论体系逐步完善并健全。如 1970 年，以袁隆平院士为代表的国内科学家实现了杂交水稻的三系配套，粮食产量得到飞速提升。

20 世纪 80 年代以后，随着分子生物技术的发展，分子标记辅助选择被应用于作物育种，分子标记和基因组数据开始补充表型数据，作物育种进入了 3.0 时代。这一阶段由标记辅助回交和谱系确认开始，逐渐转移到连锁作图剖析复杂性状。高通量基因数据的引入扩大了定量遗传学工具。基因组学、分子遗传学及计算生物学等学科的快速发展，推动了育种向智能化方向发展。

育种 4.0 概念是由美国著名玉米遗传学家、美国科学院院士 Edward Buckler 教授于 2018 年提出的。他认为遗传学和信息技术的重大进步，使得快速聚合有利等位基因，创建最佳基因型组合成为可能，从而引领作物育种向精准、高效发展，其核心目标也是建立“作物基因组智能设计育种”体系。

我国最早于 2001 年提出设计育种的雏形，陈绍江提出了品种设计作为育种科学一个分支的理论设想；2002 年，水稻全基因组框架图及第四号染色体精确测序的完成，标志着我国在水稻基因组研究中处于世界领先地位；2003 年，在中国水稻研究所组织的“利用生物技术开发水稻育种新材料”国际水稻育种峰会上，与会者提出“水稻基因设计育种将成为第三次水稻育种突破口”的新观点；2007 年，钱前利用日本晴和 9311 重组自交系定位的 6 个分蘖 QTL 和其他 8 个已经定位的分蘖基因构建了 14 个分蘖基因/QTL 导入系和染色体单片段置换系，获得了设计目标与实际育种符合的基因型；2013 年，薛勇彪提出了针对农业生物复杂性状改良的“分子模块育种”概念；李家洋等率先在我国开展分子设计育种研究，研究成果“水稻高产优质性状形成的分子机理及品种设计”荣获 2017 年度国家自然科学一等奖；2016 年，樊龙江等提出了大数据作物育种技术；2019 年，张桂全提出了基于染色体单片段代换系（Single-Segment Substitution Lines，SSSL）的三步走水稻设计育种策略；2021 年，Wei 等构建了迄今为止最完善的水稻数量性状基因关键变异（Causative Variation）图谱，开发了一款智能化的水稻育种导航系统。当前世界主要发达国家都在积极部署面向未来作物的基础研究，设计育种进入战略性竞争阶段。

智能设计育种是在分子设计育种的基础上，交叉融合人工智能和大数据学科，以新型传感器、智能装备、机器学习、物联网、云存储与云计算等技术为支撑，实现海量育种数据的获取、存储、分析，为作物育种科研人员提供决策支撑，引领农作物育种向精准、高效发展。但中国的水稻、小麦、玉米等农作物育种多数以科研团队的形式组织开展科研攻关，大大小小数以千计的农作物育种团队积累了海量的表型和基因型相关数据量，但存在形式不统一，信息化程度较低，基本没有融合共享等问题。

在作物育种相关科研项目中，主要通过立项任务书或数据汇交承诺书对项目结项时上交的实验数据种类量、结构等提出具体要求。任务书或承诺书主要以文本为主，人工整合文本中的作物表型实验数据，不但需要花费大量的时间和精力，还不能很好地对数据进行把控，从而造成理解的偏差，偏离数据本身的科学含义。国内外有很多的书籍、文献对作物育种实验从不同角度进行了层级分解，但是大多没有详细展现作物育种的实验过程。因此，根据育种的基本步骤，把作物育种实验重新进行层级分解，对作物表型数据收集十分有意义。

二、层级分解方法

1. 作物类别

作物，主要是指食用作物、纤维作物和糖料作物等。在人类对作物这么长一段时间的培育和选择下，形成很多不同类型和各式各样的品种。按照作物实际用途和植物学系统特性相关联的方式进行作物分类，通常一共可以分成7个类别：粮食作物、油料作物、纤维类作物、糖料作物、牧草绿肥、特用作物和作物育种共性实验技术。该分类基于文献中常见的作物种类，其中作物共性实验技术总结了育种实验中通用技术，为了减少冗余，归为一类。

该层级是科研人员在进行数据录入时做的第一个选择，必须在想要填写的相关实验的作物类别确定的情况下，才可以进行后续的数据录入。把作物类别作为第一层级，是因为不同的作物类别，作物特点会有很大的区别，相对应的很多作物育种实验也会各有特点、互不相同。所以作物类别是数据录入时的第一个选择，可明确后续育种研究的大致方向。

2. 完整育种方案

完整育种方案，是指获取植物新品种的完整方案。育种的基本步骤首先是发现和开创所需要的遗传变异特征；其次是根据育种方向进行选择，使各方面综合性状接近稳定；最后是品种的选择、繁殖和推广。

该层级是科研人员在进行数据录入时做的第二个选择，选择好想要填写的相关实验的作物类别，必须在想要填写的相关实验的完整育种方案确定的情况下，才可以进行后续的数据录入。把完整育种方案作为第二层级，是因为只有在育种目标品种确定的情况下，才可以有针对性地开展培育。如确定是芝麻育种，还是向日葵育种，虽然都是同一作物类别，但是相对应的很多作物育种实验也会各有特点、互不相同。所以完整育种方案是数据录入时的第二个选择，可明确后续育种研究的品种选择。

3. 育种实验

育种实验，一组完整育种方案中某模块要求的实验过程组合。

该层级是在科研人员进行数据录入时做的第三个选择，选择好想要填写的相关实验的作物类别和完整育种方案，必须在想要填写的相关实验的作物育种实验确定的情况下，才可以进行后续的数据录入。把育种实验作为第三层级，是因为在确定了完整育种方案以后，就可以知道要培育的品种，而每个品种又有很多种不同的作物育种实验需要进行选择，才能正式开展培育。所以育种实验是数据录入时的第三个选择，可明确后续育种研究的具体实验。

4. 实验过程

作物育种实验中的实验步骤和实验结果就是实验过程，是产出具有完整意义科学数据的最小单位。

该层级是科研人员在进行数据录入时，选择好想要填写的相关实验的作物类别、完整育种方案和育种实验后，根据实际实验情况进行实验过程添加、选择、删除等，一定要符合实际的实验顺序流程。把实验过程作为第四层级，是因为在确定作物育种实验正式开展培育后，将全部的实验过程记录下来，才能够结构化地展现整个作物育种实验。所以实验过程是数据录入时的主要内容，给实验数据的记录指明了方向。

5. 实验数据

实验数据，是在完成实验的过程中，通过参照部分实验对象，改变一个或者很多个实验变量，并对其进行记录、归纳的实验变量的数据值。在有参照的条件下收集观测结果。做实验的时候根据需求记录的实验参数、设置，以及实验的结果，这些都是可以直接获得的实验数据。

该层级是科研人员在进行数据录入时，选择好想要填写的相关实验的作物类别、完整育种方案和育种实验后，根据添加的实验过程填写的相关实验数据，对实验数据的内容进行选择并填写数据值。把实验数据作为第五层级，也就是最后一个层级，是因为将整个作物育种实验全部实验过程涉及的数据记录下来后，才可以说是真正完成了作物育种实验的结构化呈现，也是证明实验过程实际开展的依据。所以实验数据是最后一个层级，可以更直观地看到实验的结果。

第二节　作物表型实验数据层级分解模型研究

一、算法研究

层级分解模型构建需要对大量文献、作物育种项目计划书、专家建议等文本数据进行分析，这个过程主要涉及中文分词、词频统计、TF-IDF 加权技术、词性标注和 PDF 解析等算法。

1. 中文分词

以信息处理的实际需求为出发点，依据特定的规则，把汉语根据分词单位完成切割，这个过程，就是分词。中文分词，是汉语在基本文法上因为其不一般的特殊性而存在的分词，中文分词与英文分词在分词的处理形式上有很大的不同，英文和英文互相的分隔主要是空格符号，而中文通常词与词互相是没有明确的空格符号的，尤其是在计算机处理分词时，难度较大、无法区分，进行中文分词的复杂程度远远高于进行英文分词的复杂程度。汉语由于传承了古代汉语的特点，只是在每个词语、每句话和每个段落中有明显的标点符号，从而实现分隔，单独的词与词之间，是无法实现明显区分的。在现代汉语中双字方法可以协助区分与辨别词，但是仍然存在一定的困难，所以中文分词技术比英文分词技术更加复杂。

目前对于中文分词的处理技术主要有 3 种。①基于条例的分词方法，也被称为机械分词，主体思想是将需要进行分词的内容和整个词库连接配对，依据一定的规则，能确定词库中的某个字符串时，则认为匹配成功。基于条例的分词相关的算法最常用的是最小匹配法，此外，最大匹配法、逐字匹配法也是常用算法；②基于计算的分词方法，一般是计算两个或者两个以上的汉字在同一阶段被获取的次数，把众多文本进行有监督或者无监督的学习，从而进行分词。通过计算获取一类文本出现的特征及规律，再充分利用统计规律与现象进行分词。目前主要实现方法是使用隐马尔可夫模型进行自然语言的处理；③基于理解的分词方法，也被称为知识分词。主体思想是根据相关的词、句等句法或语义信息进行分词。这种方法的算法复杂度高，比较难以实现。

2. 词频统计

词频统计是一种可以普遍使用的加权技术，主要应用于数据搜索与文本挖掘，通过词频判断某个词在某个文本中或者在某个语料库中的整体重叠范围。词频的统计为数据挖掘相关方面的学术研究扩充了创新的方式和维度。同一个词在不同篇幅的文本中会有不同的词频，在较长的文本里可能会比在较短的文本里有更低的词频，但并不代表该词的重要程度。通过词频统计抽取关键词，字面意思即需求，引出假设，文本中出现次数相对较多的词就是关键词。运用词频统计方法计算出文本中所有词在文本中出现的全部次数，根据实际需求，确定一定的数量进行关键词抽取。

3. TF-IDF 加权技术

TF-IDF 加权技术主要用来协助进行文本查询与数据分析。TF（Term Frequency）即词频，IDF（Inverse Document Frequency）是指逆文本频率指数。TF-IDF 是一种统计方法，用来判断某个词针对某个文本库中的某一个文本的关键程度。某个词在某个文本中出现的次数越多，它可能就越关键，伴随条件下，随着它在整个文本库中出现的次数越多，它就越不关键了。TF-IDF 加权技术常被用于多种搜索引擎，用来考量文本和用户搜索之间的关联度。TF-IDF 加权可以简单地理解为当某个词频繁出现在某个文本中，但在整个文本库中出现不频繁，就可以判定该词拥有非常强的类别区分能力，可以更好地实现类别分类。

4. 词性标注

词性标注，同样可以叫作语法标注，主要是把文本库中的全部词，根据词性本身含义和前后词含义实现标记标注，是一个针对文本数据的处理技术。词性标注的实现可以有两种方式，分别是人工手动处理和算法规划处理。通过机器学习达到词性标注的目的属于自然语言处理的范畴。实现词性标注的算法有很多，结巴分词就可以实现词性标注。词性标注可以更好地实现文本解析和自然语言处理，如词义解析数据预处理过程。

词性标注，其实就是将词与词进行分类，把文本库中的所有词依据不同的词性实现分类。词语的词性分类和很多因素有关，包括该词所在句子的意思、类型和氛围等，就以最常见的汉语来看，词类系统有很多，一共有 18 个子类，其中，体词共有 7 类、谓词共有 4 类、虚词共有 5 类，剩下的两类分别是代词和感叹词。词的类别不一定只有一个，不同情况下同一个词会有不同的类别，如“果实”这个词，在作为植物的一部分和形容努力得到回报时属于两个类别，所以词性标注一定要结合前后词的意思来确定。当对词进行深入的分析与研究后，就能够得出一套词性标注规则，最终用于对词的类型进行确定，根据这个规则确定词性。

二、数据库设计

1. 数据库概念模型设计

构建作物表型实验数据层级分解模型的过程中，需要先把相关文献进行归属，确定文献所属的作物类别、完整育种方案和育种实验；之后再对相关文献进行分析，达到构建作物育种实验层级分解模型的目的。涉及的核心表包括文献表、文献归属表和文献分析表。

（1）文献表包括 9 类属性

文献实体属性如图 4.1 所示。

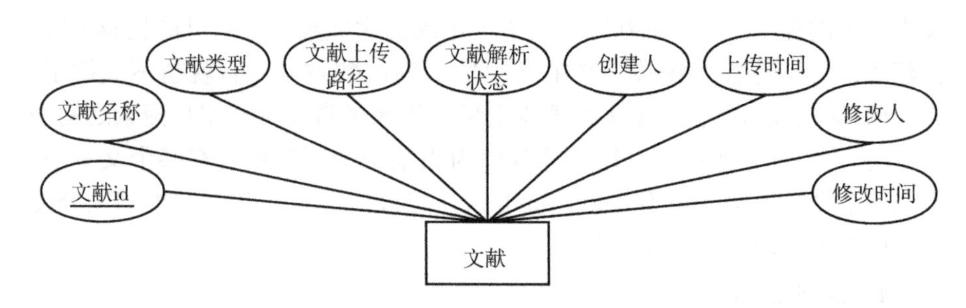

图 4.1 文献实体属性

（2）文献归属表包括 10 类属性

文献归属实体属性如图 4.2 所示。

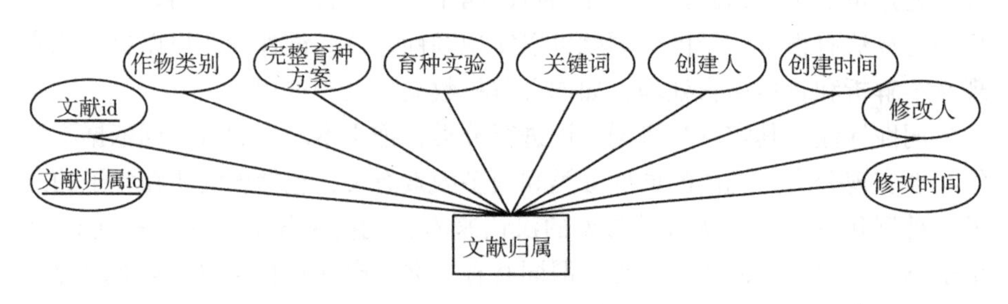

图 4.2 文献归属实体属性

（3）文献分析表包括 12 类属性

文献分析实体属性如图 4.3 所示。

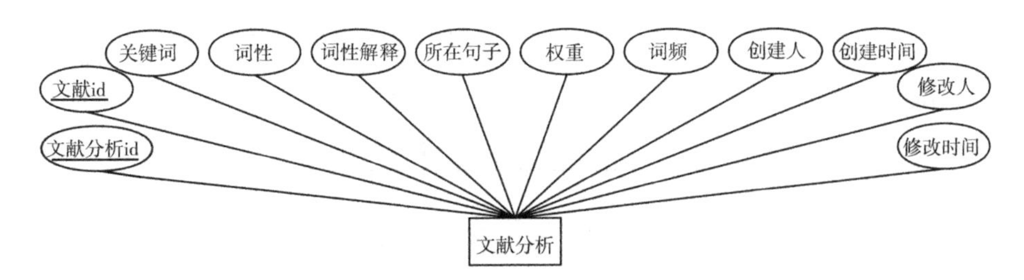

图 4.3　文献分析实体属性

2. 数据库逻辑结构设计

数据库逻辑结构设计，就是在数据库概念结构设计的基础上，转换为逻辑模式。基于概念模型数据库逻辑结构设计如下。

（1）文献表（文献 id、文献名称、文献类型、文献上传路径、文献解析状态、创建人、上传时间、修改人、修改时间）

（2）文献归属表（文献归属 id、文献 id、作物类别、完整育种方案、育种实验、关键词、创建人、创建时间、修改人、修改时间）

（3）文献分析表（文献分析 id、文献 id、关键词、词性、词性解释、所在句子、权重、词频、创建人、创建时间、修改人、修改时间）

3. 数据库物理结构设计

根据数据库的概念模型和逻辑结构模型，设计数据库的数据存储结构和数据存储形式，确定数据库实体属性、数据类型、长度、是否为空、字段说明、主键和外键。数据库物理结构设计如下。

（1）文献表记录了文献的各种基本信息，如表 4-1 所示

表 4-1　文献

字段名称	数据类型	长度	是否为空	字段说明	主键	外键
id	bigint	20	FALSE	文献 id	ü	
treatise_name	varchar	100		文献名称		
treatise_type	varchar	10		文献类型		
upload_path	varchar	50		文献上传路径		
treatise_status	varchar	20		文献解析状态		
create_by	bigint	20	FALSE	创建人		
create_time	datetime		FALSE	上传时间		

（续表）

字段名称	数据类型	长度	是否为空	字段说明	主键	外键
lastmodified_by	bigint	20	FALSE	修改人		
lastmodified_time	datetime		FALSE	修改时间		

（2）文献归属表记录了文献归属的各种基本信息，如表 4–2 所示

表 4–2　文献归属

字段名称	数据类型	长度	是否为空	字段说明	主键	外键
id	bigint	20	FALSE	文献归属 id	ü	
treatise_id	bigint	20	FALSE	文献 id		ü
crop_category	varchar	50		作物类别		
breeding_program	varchar	50		完整育种方案		
breeding_experiment	varchar	100		育种实验		
key_word	varchar	100		关键词		
create_by	bigint	20	FALSE	创建人		
create_time	datetime		FALSE	创建时间		
lastmodified_by	bigint	20	FALSE	修改人		
lastmodified_time	datetime		FALSE	修改时间		

（3）文献分析表记录了文献分析的各种基本信息，如表 4–3 所示

表 4–3　文献分析

字段名称	数据类型	长度	是否为空	字段说明	主键	外键
id	bigint	20	FALSE	文献分析 id	ü	
treatise_id	bigint	20	FALSE	文献 id		ü
word	varchar	50		关键词		
speech_parts	varchar	20		词性		
speech_parts_ description	varchar	20		词性解释		
line	varchar	500		所在句子		
weight	decimal	20，10		权重		
word_num	int	11		词频		

（续表）

字段名称	数据类型	长度	是否为空	字段说明	主键	外键
create_by	bigint	20	FALSE	创建人		
create_time	datetime		FALSE	创建时间		
lastmodified_by	bigint	20	FALSE	修改人		
lastmodified_time	datetime		FALSE	修改时间		

三、文档数据加工与分析

1. 文档格式转换

作物育种项目相关文档数据大多为 PDF 格式，所以在对数据进行详细挖掘分析之前，首先要对 PDF 文档中的文本和表格进行解析。本研究使用 pdfplumber 工具库来解析 PDF 文献，以保证文本数据及其他类型数据的正确处理。使用 pdfplumber 工具库，获取每个文档的全部页数，并获取页面中的全部文本数据，包括表格中的文本数据。将中英文的逗号、句号、问号、顿号和空格等标点符号替换为特殊标识符：＊＊＊＊----////，用特殊标识符＊＊＊----////来分割句子。句子分割完成后，对文本数据进行分词处理。

2. 文档加工与处理

（1）文档分词

Python 的中文分词工具有很多，根据日常使用习惯和操作灵活性，本研究采用结巴分词进行中文分词操作。结巴分词主要涵盖了 3 个算法：在 Trie 树结构的协助下，快速、正确地对图片与词语进行扫描，将文本中全部词组可能出现的分组情况进行连接，形成有向无环图（DAG）；搜索、归纳最有可能的路径，通过动态规划的方式，依据词频，确定最终的结果；运用 Viterbi 算法，判断未登录词。

（2）去停用词

去停用词可以减少数据的存储空间，加快数据解析效率。结巴分词可以实现读取停用词，还可以创建自己的分词字典。通过文献查询，以及经验梳理，将不太重要的词或者是无关紧要的词筛选为停用词，例如，仍然、各种、消息等。本研究目前整理出停用词2 925个。后续的研究中会根据实际需求随时对停用词列表进行添加或者去除，以便更好地进行自然语言数据或者文本数据的去停用词处理。

完成停用词列表创建后，对分词处理好的字符串（作物类别-完整育种方案-育种实验）进行去停用词处理，完成文档数据加工。

（3）文档分类

将完成分词处理、去停用词处理的字符串（即作物类别-完整育种方案-育种实验），与完成分词处理、去停用词处理的文档数据进行判断对比，文档数据与字符串重叠、命中最多的，就将相关文档归为该类别（作物类别、完整育种方法、育种实验）。确定文献所属的类别，这样才能在后续的研究中更加有针对性地对实验过程和实验数据进行补充。在后续数据分析时，可以快速地从作物类别、完整育种方案和育种实验这 3 个维度进行分析与挖掘。

（4）文档数据分析

通过词频统计抽取关键词，文本中出现次数最多的词就是关键词。运用词频统计方法计算出文本中各词组的出现次数，将达到一定数量的词进行关键词抽取。

对去停用词处理后的文献数据进行词频统计，为了避免定义数量的数据起不到补充实验过程和实验数据的效果，不对数据进行定义，统计记录的是全部数据的词频。在后续的研究中，统计情况，筛选所需数量的数据词频。

使用 TF-IDE 加权技术对关键词进行权重统计，可以更好地进行词组分类，从而表现句子的特征，区分不同的语句。例如，对于文档中语句“粗脂肪含量”，提取出词组“粗脂肪”和“含量”。“粗脂肪”的词频是 1、权重是 0.76，“含量”的词频是 4、权重是 0.65。“粗脂肪”的权重比“含量”的权重高，因为“粗脂肪”在这个语句中出现过 1 次，在其他语句中出现 0 次，可以更好地代表这个语句区别于其他语句，成为这个句子的关键词。“含量”在这个句子中出现过 1 次，在其他句子中出现过 3 次，不能更好地代表这个语句与其他语句作区分，因而不是这个语句的关键词。后续如果按照权重进行筛选，就会选出“粗脂肪”，而不是“含量”。根据文档数据关键词的权重统计，对实验过程和实验数据进行补充，更加准确、更加科学。

词性标注，其实就是将词与词进行分类，把文本库中的所有词依据不同的词性实现分类。对作物育种项目相关文档进行分析后发现，实验过程的词性大多都是动词，极少数是名词；而实验数据的词性大多都是名词，极少数是动词。因此，可以通过词性标注完成对词组的分类。通过结巴分词的各种功能，可以实现词性标注，在对文本完成分词处理后，标注所有词的词性。定义词性键值对 key：value，词性对应词性翻译，如 n：名词等。

完成文档分析后，将相关数据存入文献分析表，包括关键词、词性、词性解释、所在句子、权重和词频。这样就可以在数据库中清晰地看到文献分析相关的全部数据，从而完成对文档数据的多维度分析与挖掘。

3. 文档分析举例

以随机两篇作物育种实验相关的 PDF 文献为例，两篇 PDF 文献分别命名为文献 A 和文献 B。

在表型数据采集层级分解系统中，分别查询文献 A 和文献 B 中词频和权重前 20 的词。将每篇文献提取出来的词取并集后，文献 A 中有 39 个词，分别为绿色、粗脂肪、赖氨酸、序号、粮食作物、选用、行数、推荐、稳产、表现、参试、过程、收获、病株、预备、早熟、系谱、成县、承担、审定、试验、产量、平均、增产、选育、对照、品种、甘肃省、农业、晚熟、种植、参加、新品种、临科育、科技、自交系、高产、科学院和杂交；文献 B 中有 37 个词，分别为果枝、结铃、值为、中旬、品质、参加、品系、耐黄、五代、产量、净度、发芽率、生长、自育、合理化、测优比、适宜、科学、纤维长度、黄萎病、棉花、品种、江西省、四川省、农业、杂交、结果表明、试验、区域试验、选育、纤维、优势、特性、转基因、新品种、断裂和湖北省。

在表型数据采集层级分解系统中，可以查询到文献 A 的文献归属是杂粮类作物-玉米-玉米自交系选育及杂交种组配，文献 B 的文献归属是纤维类作物-棉花-棉花自交与杂交技术。人工初步观察、判断后发现，以上文献 A 的 39 个词中，属于实验过程的词是收获，属于实验数据的词有 4 个，分别是粗脂肪、行数、病株和产量，表型数据采集层级分解模型中相关育种实验的实验过程和实验数据里没有这 5 个词，所以可以全部作为待补充的内容；文献 B 的 37 个词中，属于实验数据的词有 9 个，分别是结铃、品系、产量、净度、发芽率、纤维长度、品种、优势和特性，模型中相关育种实验的实验数据里没有产量、净度、发芽率、纤维长度、优势和特性这 6 个词，所以可以将这 6 个词作为待补充的内容。分析词频和权重发现，文献 A 和文献 B 中可以作为待补充的词大多数都是在权重前 20 的范围内。

分析词性标注发现，文献 A 和文献 B 中可以作为实验过程待补充的词，词性均为动词；可以作为实验数据待补充的词，词性均为名词。所以，词性在某种程度上可以用来对词组的归属进行判断，是属于实验过程还是实验数据。词性标注后，无论是使用计算机筛选，还是聘请专家对实验过程、实验数据进行补充，都会节省更多的时间。

将待补充的实验过程和实验数据，完善到表型数采集层级分解模型中，不断完善和充实模型。

四、表型数据采集层级分解模型

根据研究需求从多种维度进行分析，表型数据采集层级分解模型可分解为 7 个作物类别，31 个育种方案，126 个育种实验，642 个实验过程，1 486 类实验数据。表型数据采集层级分解模型如图 4. 4 所示。

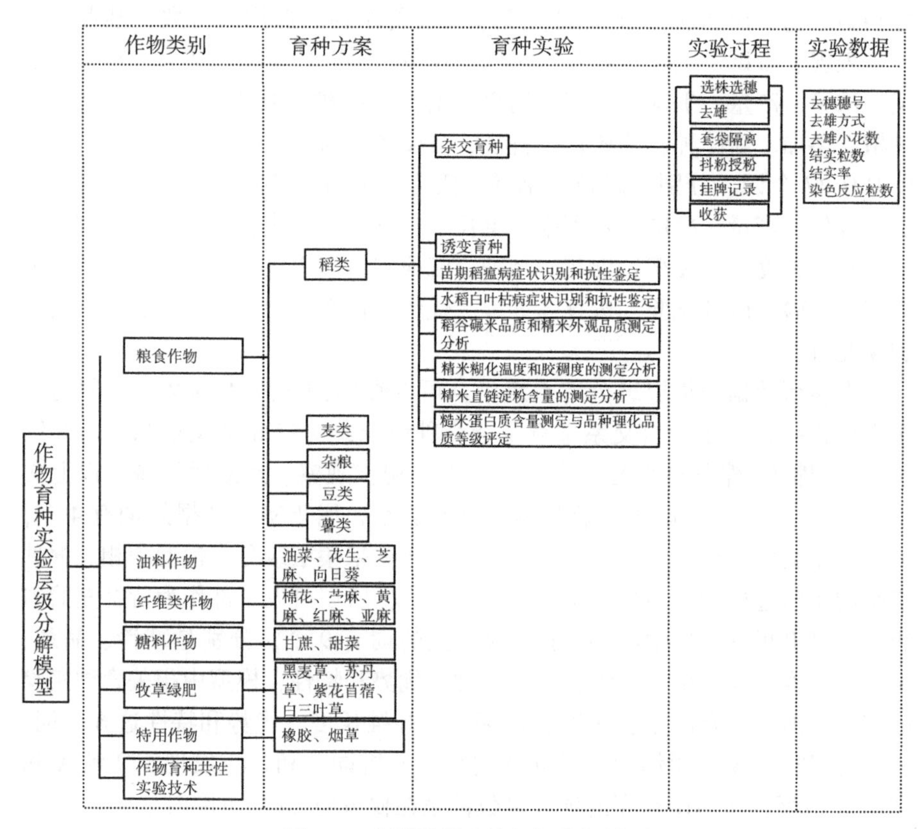

图 4. 4 表型数据采集层级分解模型

参考文献

杜明，王阿红，冯旗，等，2024. 我国作物设计育种体系发展及挑战［J］. 作物杂志（1）：1-7.

樊龙江，王卫娣，王斌，等，2016. 作物育种相关数据及大数据技术育种利用［J］. 浙江大学学报（农业与生命科学版），42（1）：30-39.

方玉，张琴，李潜龙，等，2020. 有中国特色的水稻设计育种体系建设探究［J］. 中国种业（9）：5-8.

赖瑞强，南建宗，阳成伟，2022. 作物育种涉及的方法及发展概况［J］. 分子植物育种，20（12）：10.

牛培宇，侯琛，2024. 基于文本数据增强的中文水稻育种问句命名实体识别［J］. 农业机械学报，55（8）：333-343.

彭春燕，柏梦焱，关跃峰，2024-03-02. 植物引导编辑技术的研究进展［J/OL］. 科学通报：1-14. http://kns. cnki. net/kcms/detail/11. 1784. N. 20240228. 2247. 004. html.

齐学礼，陈艳艳，王永霞，等，2024-01-03. 中国作物育种先进技术的研发现状与发展建议［J/OL］. 分子植物育种：1-12.http://kns.cnki.net/kcms/detail/46.1068.S.20240102.1707.020.html.

万建民，2006. 作物分子设计育种［J］. 作物学报，32（3）：455-462.

王丽娟，王洮生，2021. 数据自动采集系统在高山美利奴羊育种资料管理中的应用［J］. 畜牧兽医杂志，40（3）：23-25.

邢永超，2022. 面向智慧育种的大豆表型数据平台系统研发［D］. 济南：山东大学.

杨长青，王凌健，毛颖波，等，2011. 植物转基因技术的诞生和发展［J］. 生命科学，23（2）：140-150.

余众，龙晓波，2023. 数字化育种管理系统对推进育种 4.0 的效应研究［J］. 中国农村科技（12）：20-23.

张丹丹，赵瑞雪，王剑，等，2023. 数据密集型农业科研服务平台架构设计［J］. 数字图书馆论坛，19（10）：71-78.

张桂权，2019. 基于 SSSL 文库的水稻设计育种平台［J］. 遗传，41

(8)：754-760.

WALLACE J G，RODGERS-MELNICK E，BUCKLER E S，2018. On the road to breeding 4. 0：unraveling the good，the bad，and the boring of crop quantitative genomics [J]. Annu Rev Genet，52（1）：421-424.

第五章　多源异构组学数据关联方法研究

随着科学技术的发展，单纯研究某一组学已经不能满足研究全部生物学问题的需要，为了更好地进行作物遗传育种研究，育种科学家需要从多组学角度进行观察实验。表型组学、基因组学、转录组学、代谢组学可以从不同角度和不同层面，体现作物组织细胞结构、基因表达、蛋白及代谢物相互间的作用。通过表型组学与其他各组学数据的互补，科学家们能够更全面地了解作物组织器官的功能和基因表达情况。

第一节　作物组学数据特征

一、表型组学数据

表型组学是指能够反映作物细胞、组织、器官、植物和种群结构及功能特征的物理、生理和生化特征。从本质上讲，表型组学是作物基因图谱的序列三维表达、区域分化特征和代际进化。碱基序列是基因组数据分析的基本单位。通过对作物样本进行测序，可以得到包含所有基因排列和间距信息的一维物理图。除少数基因突变外，还可以认为碱基序列是客观存在的。植物表型是这些基因与环境相互作用后在空间和时间上的三维表达。它是植物基因在与环境相互作用过程中遗传信息的选择性表征和动态生活史的完成。因此，植物表型的信息量和复杂性远远超出预期。

1. 特征分析

作物表型组学数据涵盖作物从细胞到群体的各个层级、多生境下作物性状的遗传与编译，以及作物对生物和非生物胁迫的响应等信息。因此，它包含以下特征。

（1）多态性

作物表型数据覆盖作物从一个细胞到一个群体的性状信息，数据类型多样并且数据结构各异，例如，对一株小麦来说，它的地下根系–地上叶子的相关表型信息，都是表型组学数据；甚至包括地面到天空的遥感数据。因此，数据类型不仅包括文本数据，还涉及图像和光谱数据、三维点云数据等。

（2）数据量大

近年来，人工智能技术飞速发展，各种智能化装备不断被研发，作物表型组学也利用这些先进的技术，研发使用智能表型技术设备，得到的表型组学数据迅速增加，呈指数级增长，并且作物表型组学数据存在来源众多、数据处理和分析方法多、数据获取标准不一等，导致表型组学数据呈现出重复性低的特点，并且数据量极大。

2. 分析和整理方法

如何把原始多样的表型组学数据转化为具有生物学意义的信息，是近年来生物信息学的研究热点。例如，各类计算机视觉算法、图形图像处理和机器学习分类方法在表型数据分析中得到大规模应用。本研究从组学研究角度出发，对表型组学数据进行分析整理：提取表型组学数据中的实验材料信息，结合其基因组、转录组等其他组学数据，对其进行编号整理，形成以实验材料为中心的作物组学数据集。

二、基因组学数据

组学研究离不开基因组学的发展。科学家们研究转录组学、代谢组学等其他组学，都是想要研究这些组学在基因组上的体现，例如，得到基因的表达量、如何和性状相关联等，而最终，所有的组学研究，都必须与基因组学研究相匹配。所以，基因组学也是组学研究最基础的部分，是其他组学的凭证和依赖。

1. 特征分析

由于三代测序技术主要差别在读段长度和通量，测得的基因组数据结构相似，因此，本文以基于第二代测序技术测得的基因组数据为例进行特征分析。

从 Illumina 等平台的测序仪器上获得的测序序列，一般都是一条条短的 DNA 序列，这些短序列称为读段，从每个序列中获得的读段结果通常存储为 Fastq 格式。一般来说，存储测序序列及测序仪器自动产生的质量评价信息，常用的就是 Fastq 格式。Fastq 格式的原始数据由于测序仪器的随机错误，存在许多读值较差的数据和部分连接序列，不能直接用于与目标基因组的组装或比较。因此，需要对 Fastq 原始数据进行下一步分析和整理工作。

2. 分析和整理方法

对于基因组测序原始数据，首先需要进行质量控制与统计，确保后续分析的准确性和可靠性。第一步，使用 FastQC 软件可以对测序数据的基本信息进行统计和可视化；第二步，对原始数据进行质控，使用 Fastp 软件，功能包括接头污染去除、末端低质量碱基去除、尾端 polyG 去除等；第三步，使用 BWA MEM 算法进行读段比对，获得的文件为 SAM/BAM 文件，可以使用 Samtools 进行处理；第四步，使用 GATK 对质控后的数据进行变异检测分析，并合并 GVCF 为 VCF 文件。最终得到基因组数据，是基于测序品种的完整基因组数据（图 5.1）。

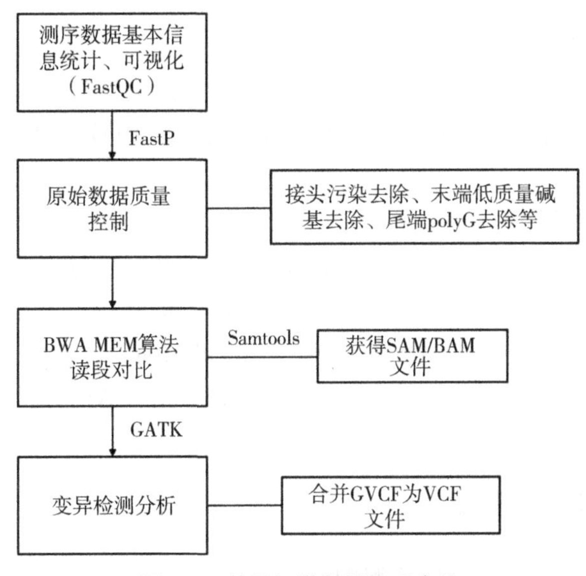

图 5.1 基因组学数据处理方法

三、转录组学数据

转录组是对生命体某一特定生理状态下的所有的转录产物的集合，广义上包含核糖体 RNA（rRNA）、信使 RNA（mRNA）、小 RNA（microRNA）、转运 RNA（tRNA）、非编码 RNA（ncRNA）等。狭义上特指编码蛋白质的 mRNA，与包含所有遗传信息的基因组不同，转录组是直接与行使功能的蛋白质联系的调控中心。

转录组学数据的处理和基因组学稍有不同，二代测序中对于转录组测序通常使用的技术称为 RNA-seq，主要是把细胞中的 RNA 组提取出来，运用高通量测序技术把它们的序列测出来，得到的一般是 RNA 的 cDNA 序列。

1. 特征分析

以二代高通量测序为例，使用测序平台对 RNA 反转后的 cDNA 文库进行测序，产生大量的高质量 reads，称为原始数据，通常以 Fastq 格式提供。

和基因组测序数据相比，转录组测序数据具有以下特征。

（1）数据量大

对同一个实验样本，在不同的时间、不同的环境下，使用不同的处理方式，对不同的器官组织材料进行测序，产生的数据都不同，因此，转录组数据量巨大。

（2）自身误差大

因为 RNA 反转录成 cDNA 过程中易出错，序列读长较短、RNA-Seq 设备错误率较高等因素，转录组测序数据需要更多的数据清洗和质量控制工作。

2. 分析和整理方法

转录组学数据的分析和整理方法与基因组学数据类似，步骤包括测序数据质量控制、与参考基因组比对、转录组文库质量评估、SNP 分析、差异表达分析等。仅有的区别主要体现在：对转录组而言，使用 Hisat2 软件进行比对分析后，得到的是基因的表达量或其他数据，从而可以研究不同性状之间差异的分子机制。

四、代谢组学数据

作物受到外界人为或自发的刺激或干扰（如人为引导基因改变、外界施用药物作用、自身疾病发生等）后，其代谢产物图谱会发生结构上的变化，代谢组学就是研究这个结构和变化的学科。通常来说，代谢组学是对相对分子质量在50~2 000的小分子物质和代谢物开展研究。

代谢组研究的基本思路是，通过高通量和高分辨率的检测技术确定这些物质，获取海量数据，再通过各种数据分析方法获得不同的代谢物质，找到其代谢途径，从而得到这些物质在作物生命活动中的作用和意义。

1. 特征分析

当前代谢组数据通常由高通量分析仪器产生，这些海量数据通常具有高维度、高噪声、高缺失值、高变异性及复杂的相关性和冗余性等特点。所以，必须全面掌握样本和数据的特征才能选取合适的方法或策略对其进行数据融合。

代谢组学数据通常具有以下特征。

（1）变量数目少

由于内源性小分子代谢物种类远远小于基因和蛋白数目，而且各种检测仪器可见“视窗”的局限性，代谢组学数据的变量较基因组和蛋白组要少很多。所以，很多情况下，样本数目等于或者大于变量数目，在一定程度上降低了数据融合的难度。

（2）受外界因素影响大

作物代谢物受环境影响较为明显，同一样本在不同时间、环境下的检测数据都不同，因此，数据结构组织复杂，存在高变异性的特点，给数据组织带来了繁重的工作。

（3）数据维度高

对代谢组数据而言，一张色谱图可能含有几千或几万张质谱图。如果一个实验需要完成批量样品，多仪器平台信息的整合处理，那么实验数据的收集、组织和管理也十分复杂。

2. 分析和整理方法

鉴于代谢组学的特点，需要利用综合数据分析软件对其进行高效、省时的分析和处理工作。一般来说，代谢组学数据处理软件都具有完整的一套分析工作流程，具体包括对代谢组学原始数据的预处理、检测物质鉴定、数据统计分析和分析结果解释。首先，数据预处理是为了减少数据产生过程中的误差，在分析过程中对生物物质筛选造成影响，在此基础上确保检测结果的准确性。其次，统计分析方法分为单变量和多变量，结合两类分析方法对预处理后的代谢组数据进行分析，可以得到数据的整体结构，发现不同代谢物和表型组学的相关性。最后，研究人员对代谢组学数据分析结果进行解释，包括功能注释、通路分析等。

常用的代谢组学数据处理软件有XCMS Online、Galaxy-M等，本研究基于以上代谢组学处理软件，对处理之后的数据以实验材料为基准进行编号，纵向整理成以材料为中心的组学数据集。

第二节　多源异构多组学数据关联方法

一、多组学数据存储

当前测序数据大多存储于国际公共数据库，如NCBI（National Center for Biotechnology Information）、EMBL（The European Molecular Biology Laboratory）、BigData（National Genomics Data Center，中国国家基因组科学数据中心）世界三大基因组学综合数据库。这3个数据库承担了数据存储、收集、整合及基因注释搜索等多种多样的应用，并且这3个数据库之间建立了相互交换数据的合作关系，数据是相互共享并且同步的，从而保证了数据的完整性。

无论是哪个公共数据库，其组学数据格式统一，但是数据的组织结构不同。以NCBI为例，子数据库不同，其数据组织结构也不同：生物项目数据库（BioProject Data Base）是面向生物学实验的数据组织结构；生物样本数据库（BioSample）则是以生物实验样本编号来进行数据组织分类；高通量测序数据库（SRA，Sequence Read Archive）的数据组织结构则是以测序片段为基准进行编号。NASDC（National Agriculture Science Data Center，中国国家农业科学数据中心）是我国农业领域涉及学科最广、数据量最大、辐射能力最强的科学数据资源共享与服务平台。国家农业科学数据中心按照《科学数据管理办法》和《国家科技资源共享服务平台管理办法》关于各级科技计划（专项、基金等）项目数据汇交要求和科学数据中心建设要求，收集汇交各级科技计划项目产生的科学数据，同时出具汇交凭证。国家农业科学数据中心的数据组织结构以科研项目为中心，形成各项目对应的数据集，并在科研计划项目的基础上，对数据进行一定程度上的加工处理，因此，数据集的复合程度很高。目前，国家农业科学数据中心已收集、开放、共享51个项目的组学数据，并且正在建设全新的作物数据库，因此，需要研究更理想、更具包容性的数据组织模式。

在以数据密集型科学为主导的大数据时代，不同来源、不同领域、不同格式的数据，是数据分析工作的主要处理对象，这些数据通常也具有不同的特点和组织结构等。所谓多源异构数据（Multi-source Heterogeneous Data），是指来自不同来源或者渠道，但是表达的内容相似，以不同形式、不同来源、不同视角和不同背景等多种样式出现的数据。组学数据有显著的多源异构特征，其来源分散于多个数据库，多种媒介之中，其结构也同样呈现出异构特征——不仅基因组、转录组、表型组等不同组学之间数据结构迥异，而且在同一种组学数据中，也根据其所采用的技术、仪器设备型号、来源实验设计，甚至原始处理软件的差异而千差万别。

但是对作物组学数据来说，单一数据和多源数据同样具有很高的价值。例如，对同一份实验材料，不同的课题组在独立进行多次传代后，即使是最稳定的基因组，也会产生具有价值的差异性结果。而且多源数据能提供更多信息，通过相互之间支持、补充、修正，能提供更准确的信息。对遗传育种学研究来说，越丰富充足的数据越有利于工作的开展，因此，需要尽可能多地整合不同来源的作物组学数据。同组学的数据一般具有相同或类似的格式，但是不能直接将其进行融合。因为不同来源的组学数据，其元数据不同。从元数据整体角度出发，进行多源组学数据元数据融合方法研究，技术路线如图 5.2 所示。

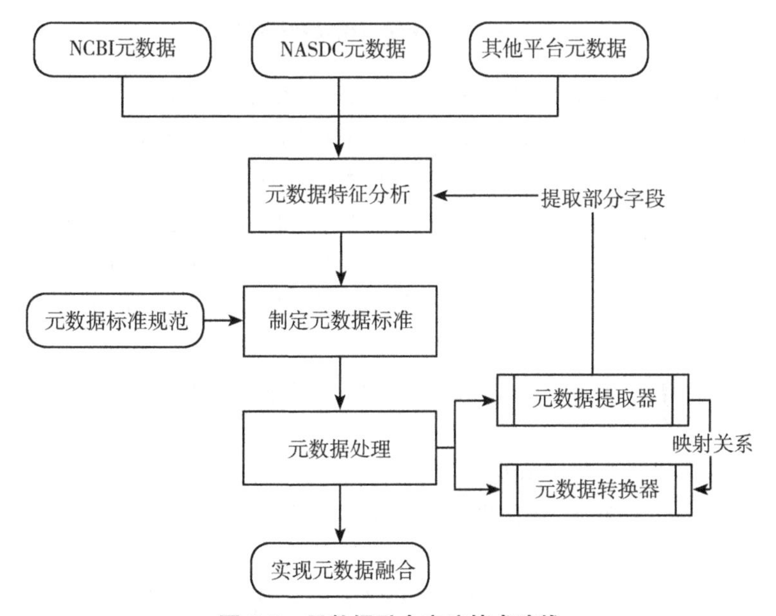

图 5.2　元数据融合方法技术路线

二、多源组学数据通用元数据标准

目前，多源组学数据的元数据，按照其来源、组学分类的差异，所含有的元数据标准不统一，所含有字段差异也较大，主要可以分为通用性字段和个性化字段。通用性字段在不同源头的元数据中普遍存在，如材料名称、数据采集时间、数据生产者/录入者等；个性化字段则为不同数据库自有的字段，如 NCBI 在 Sample 级独有的 Project 字段等（图 5.3）。要包含尽可能多的数据，就需要制定尽可能完善的标准，实现对不同字段的取舍。

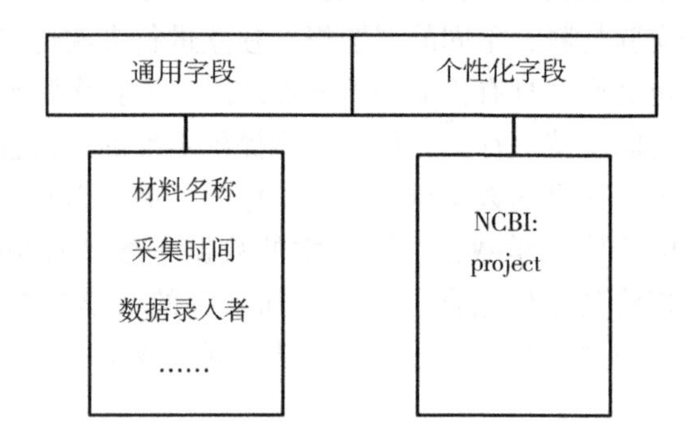

图 5.3　多源组学数据元数据特征

作物多源组学数据通用元数据标准主要构建原则如下。

（1）尽可能地保留多源组学数据原始元数据中有价值的信息

采取“并集”法则，涵盖元数据有价值的所有字段信息。例如，来自 NCBI 的数据的元数据，分析得到 8 个有价值的字段信息，来自 EMBL 的相同类型数据的元数据。分析得到 7 个有价值的字段信息，二者之间有重复或类似的字段 4 个。最终设计的多源组学数据元数据标准，有 11 个字段，即取二者的并集。

（2）我国科学数据元数据的设定有自己的标准、规范和习惯

对英文元数据字段进行转换或融合时，需要在汉语语境下，需要依照语义对原英文字段进行拆分和融合。

（3）在保证保留有价值的元数据字段信息的前提下，尽量使用精简的字段

符合《国家科技基础条件平台　资源元数据核心元数据》（GB/T 30523—2014），同时能够满足科学家的使用需求，并与 NASDC 的现行规范相兼容。

在此基础上，构建多源组学数据标准元数据，总体来看，和 NCBI 元数据字段级别分类类似，分为三级结构及附加说明。第一级为元数据元素的分类级别，是元数据的实体，对应 NCBI 元数据字段中的 Project 级别，具体有数据集负责人的相关信息，数据集本身的相关内容分，以及元数据内容分等。第二级是元数据实体，用来描述数据集各个方面的内容和特点，同样对应 NCBI 元数据字段的第二级别。第三级是元数据实体的子元素，也是对元数据实体更加细致的分类。值得注意的是，不是每个元数据实体元素都包含其子元素。以此为标准的元数据，可以将不同来源的元数据统一纳入（图 5.4）。

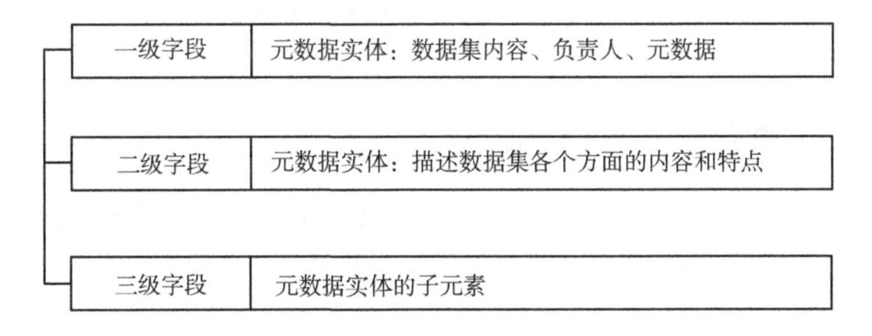

图 5.4　通用元数据结构设计

三、元数据映射关系

将从不同数据平台获取的数据进行融合，任一源头数据库提取的元数据字段均需转换为多源组学数据元数据标准字段，设定其他平台（如 NCBI）元数据为集合 $N=\{X_1, X_2, X_3, \cdots, X_n\}$，多源组学数据元数据为集合 $S=\{Y_1, Y_2, Y_3, \cdots, Y_n\}$，二者之间的映射关系存在以下 3 种情况。

（1）1∶1 映射方式

这是最简单最容易理解的映射方式，即一对一关系，N 中的某个数据项和 S 中的某个数据项正好完全匹配，配置也很简单。

（2）1∶n 映射方式

从 N 中选定的某个数据项 X_i，通过 n 个数据处理变换公式 f_1，f_2，f_3，…，f_n来将数据映射为 n 个数据项 Y_{j1}，Y_{j2}，Y_{j3}，…，Y_{jn}。这种映射方式实质上是一个数据项拆分过程，就是将在一个集合中的数据项通过多个映射函数转换成另一个集合中的多个数据项。

（3）n：1 映射方式

这种映射方式是 1：n 映射方式的逆向过程，把集合 N 中的数据项 X_1，X_2，X_3，…，X_n通过映射函数f，将数据转换为集合 S 中的 U_j，映射函数f是一个多元函数。这种映射就是将一个集合中的多个数据项通过映射函数f组合成另一个集合中的单一数据项，解决了多数据项的数据合并问题。

通过这 3 种映射关系，并构建对应的数据处理程序，实现任一数据库元数据和作物多源组学元数据标准集合中的数据项的相互对应关系，进而解决两个元数据的相互转换问题。进而，将多源组学数据通过元数据统一纳入本研究构建的作物多源组学元数据标准集合之中，并为其统一分配编号，进而实现多源数据的融合。

四、多源异构组学数据融合方法

迄今为止，在作物遗传学研究领域，已经积累了大量的表型组、基因组、转录组和代谢组数据，并且数据增长非常迅速。多源异构组学实体数据组织与关联方法如下。

组学数据的研究最终都要聚焦到基因组学的研究上。对作物多组学数据而言，其共同点是实验样本，即作物种质品种。由于具有相同名称的实验样本可能具有不同的来源，因此，为与多组学数据相关联的每一样本分配不同的 ID 号，一个样本一般具有多个基因型数据，可能具有多个转录组数据、代谢组数据、表型组数据等。最终建立以种质基因组学为中心的全新组学数据组织结构模式，如图 5.5 所示。

表型和基因型的融合原理为整合多个高质量的参考基因组，通过为群体中每个基因位点及其相关表型提供基因型，揭示表型和基因型之间的关系。利用控制重要农艺性状的已知基因作为基因型和表型之间的桥梁：通过实验验证的控制表型性状的功能等位基因，将其标注为性状的分类和描述。这样就能得到基于基因型和表型的全新数据组织模式。

代谢组和基因组的融合原理为代谢作为生物反应中的末端，调控的最终目标，其过程受到酶的催化和调控，而大多数酶的表达又与 mRNA 密切相关。因此，可以通过底物（化合物）-酶（蛋白质）-对应 mRNA 的对应关系，实现代谢组到转录组数据的映射和融合。

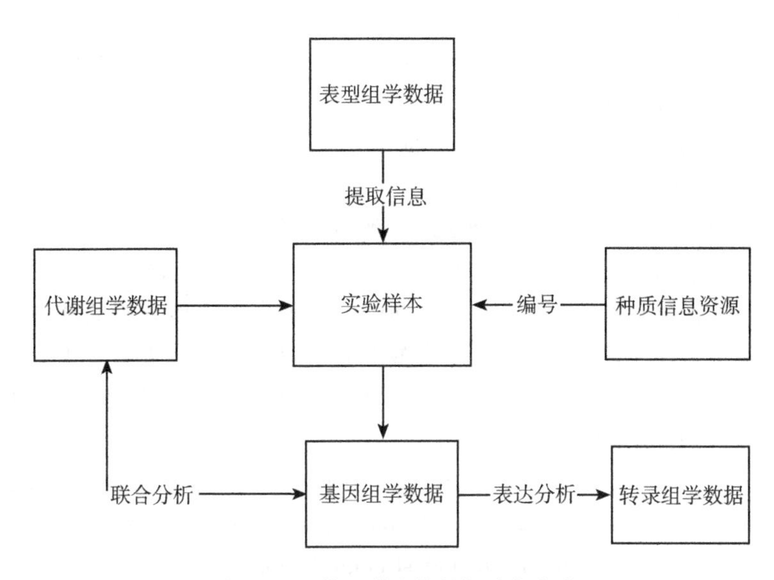

图 5.5　异构组学实体数据融合方法

参考文献

陈雨，姜淑琴，孙炳蕊，等，2017. 基因组选择及其在作物育种中的应用［J］. 广东农业科学，44（9）：7.

崔凯，吴伟伟，刁其玉，2019. 转录组测序技术的研究和应用进展［J］. 生物技术通报，35（7）：1-9.

郭义成，2016. 二代测序数据的处理及在微进化与肿瘤代谢中的应用［D］. 合肥：中国科学技术大学.

胡杰，何予卿，2016. 农业发展对作物功能基因组研究需求［J］. 生命科学，28（10）：1103-1112.

梁丹丹，李忆涛，郑晓皎，等，2018. 代谢组学全功能软件研究进展［J］. 上海交通大学学报（医学版），38（7）：805-810.

罗洪，张丽敏，夏艳，等，2015. 能源植物高粱基因组研究进展［J］. 科技导报，33（16）：17-26.

石浩然，2016. 基于二代测序的转录组数据分析方法的比较研究［D］. 成都：四川农业大学.

宋洁，吴永波，周跃恒，等，2018. 作物组学数据库的比较和应用

[J]. 遗传, 40 (7): 534-551.
孙琳, 张秋菊, 王文佶, 等, 2017. 基于色谱-质谱平台的代谢组学数据预处理方法 [J]. 中国卫生统计, 34 (3): 518-522.
佚名, 2019. 国家农业科学数据中心简介 [J]. 农业大数据学报, 1 (3): 91-92.
张翔鹤, 闫燊, 樊景超, 2022. 多源异构作物组学数据融合方法研究: 以高粱为例 [J]. 数据与计算发展前沿, 4 (1): 42-52.
张笑笑, 潘映红, 任富莉, 等, 2019. 基于多重表型分析的准确评价高粱抗旱性方法的建立 [J]. 作物学报, 45 (11): 1735-1745.
周秋香, 余晓斌, 涂国全, 等, 2013. 代谢组学研究进展及其应用 [J]. 生物技术通报, 29 (1): 49-55.
DU X, ZEISEL S H, 2013. Spectral deconvolution for gas chromatography mass spectrometry-based metabolomics: current status and future perspectives [J]. Computational and structural biotechnology Journal, 4 (5): 1-10.
LAHNER B, GONG J, MAHMOUDIAN M, et al., 2003. Genomic scale profiling of nutrient and trace elements in Arabidopsis thaliana [J]. Nature biotechnology, 21 (10): 1215-1221.
MCCOUCH S, BAUTE G J, BRADEEN J, et al., 2013. Agriculture: feeding the future [J]. Nature, 499 (7456): 23-24.
MISRA B B, FAHRMANN J F, GRAPOV D, 2017. Review of emerging metabolomic tools and resources: 2015-2016 [J]. Electrophoresis, 38 (1): 2257-2274.
TARDIEU F, CABRERA-BOSQUET L, PRIDMORE T, et al., 2017. Plant phenomics, from sensors to knowledge [J]. Current biology, 27 (15): R770-R783.
YU Z, 2015. Methodologies for Cross-Domain Data Fusion: An Overview [J]. IEEE Transactions on big data, 1 (1): 16-34.

第六章　基于本体的多组学数据集成技术研究

现当代育种技术的发展，使作物育种数据信息爆炸，所获得的数据不再局限于单一的作物田间性状调查结果，同时还存在土壤气候水分等动态环境数据、基因表达及分子标记等基因型数据、代谢物动态数据及生产管理数据等。数据的膨胀推动了育种理念的革新，数字化育种日益火热。目前，数据有效供给尚不足以满足计算育种的实际需求，在这种情况下，必须进行系统设计，实现数据之间的深度关联，方便数据灵活组织和重复利用。基于本体组织数据，一方面可以实现数据标签的标准化，便于检索和抽取；另一方面能借助本体挖掘数据内部关联，服务于数据组织。

第一节　多组学数据本体网络

本体是指一种“形式化的，对于共享概念体系的明确而又详细的说明”。本体提供的是一种共享词表，也就是特定领域之中那些存在着的对象类型或概念及其属性和相互关系。本体可以通过术语（Term）的有向图进行表示。本体网络是将邻近领域内的多套本体中具有一定关系的术语进行新关系的构建，从而将多张术语关系图链接为术语网，这张整体性网络即为本体网络。

目前，在育种领域，在国际开放生物医学本体的支持下，已经形成了一系列为学术界所公认的本体，本研究选取其中在育种工作中最重要的5个本体组件和2个基础性的描述本体，形成最初的本体网络，并在此基础上，后期持续进行扩增和丰富。

基因本体：即GO（Gene Ontology），是描述基因功能的本体系统，基因本体将所有基因本体分为三大类，分别是描述分子功能的本体，描述细胞组分的本体及描述生物过程的本体。分子功能（Molecular Function）：描述发生在分子水平上的活性，这种活性一般都是由单个基因产物进行的，如"催化活性""结合活性""转运蛋白活性"等。当然，还有小部分活性是通过基因产物的复合物进行的，如"腺苷酸环化酶活性""Toll受体结合"等。细胞组分（Cellular Component）：描述某些大分子在执行某项分子功能时占据细胞的结构和位置。细胞的位置描述如"质膜的细胞质侧"，细胞的结构描述如"线粒体""核糖体"等。生物过程（Biological Process）：描述了由一个或多个有组织的分子功能集合共同完成的一系列事件。广泛的生物过程术语如"细胞生理过程""信号传导"等。具体的生物过程术语如"嘧啶代谢过程""α-葡萄糖苷转运"等。

序列本体：即SO（Sequence Ontology），是用于定义生物序列特征和关系的本体。SO不仅可以直接用于序列数据的注释和分析，而且与GO有直接关系。

表型本体：即PATO（Phenotype And Trait Ontology），是用于定义植物表型的本体。PATO中直接采用了诸多与GO中一致的术语。

植物本体：即PO（Plant Ontology），是描述植物解剖学、形态学、生长发育特征和植物基因组学的本体，PO中直接引用了GRO、IAO等多种本体中的术语。

基因关系本体：即GRO（Gene Relation Ontology），是对基因调控过程进行术语和关系定义的本体。GRO中引用了SO和GO的大量术语。

信息实体本体：即IAO（Information Artifact Ontology），是科学家为了服务基因组计划所产生的海量数据而发展出的重要工具，它提供了一系列信息实体（包括数据）进行关联的规范化关系描述。PO中多处直接引用了IAO中的术语。该本体为支撑性本体。

关系本体：即RO（Relation Ontology），是开放生物医学本体组织官方定义的基础关系本体，定义了基础性的概念和关系，为上述多个本体所引用。该本体为支撑性本体。

由此可以看出，得益于开放生物医学本体计划的努力，目前本体与本体之间，已经形成了一系列互联互通的关系，使用本体网络，相较于使用多个孤立本体，能够更好表现跨本体关系。

第二节　数据本体注释方法

数据注释到本体，是后续进行关系抽取和关联的基础。不同的本体需要通过不同的本体注释工具，才能实现数据到术语的关联。由于 GRO 更多用于描述术语之间的关系，因此，仅对 SO、PATO、PO 和 GO 本体开发注释工具。

一、SO 注释方法

SO 本体的术语中，有大量直接对 INSDC 规范的转译/引用，如表 6-1 所示。而所有已经存在参考基因组的物种，其基因组注释文件中均遵照 INSDC 规范提供了对应说明，因此，以基因组注释文件为中介，SO 的注释方法为通过 blast 工具，将基因数据映射至物种参考基因组注释文件，然后从参考基因组文件映射至 SO，形成 SO 注释。

表 6-1　SO 中外显子术语的词条全貌（obo 格式）

```
[Term]
id: SO: 0000147
name: exon
def:" A region of the transcript sequence within a gene which is not removed from the primary RNA transcript by RNA splicing. " [SO: ke]
comment: This term is mapped to MGED. Do not obsolete without consulting MGED ontology.
subset: SOFA
synonym:" INSDC_feature: exon" EXACT [ ]
xref: http: //en. wikipedia. org/wiki/Exon "  wiki"
is_a: SO: 0000833 ! transcript_region
```

二、PATO 注释方法

PATO 的词条主要是性状及性状描述，如表 6-2 所示。因此，可以直接采用关键词提取的方法进行注释。PATO 的主要注释方法为对 PATO 每个术语的 name、synonym 字段进行提取，与数据字段进行关键词匹配。

表 6-2 PATO 中颜色术语的词条全貌（obo 格式）

```
[Term]
id: PATO: 0000014
name: color
def: " A composite chromatic quality composed of hue, saturation and intensity parts. " [PATOC: GVG]
subset: attribute_slim
synonym: " colour" EXACT []
synonym: " relative color" EXACT []
is_a: PATO: 0000051 ! morphology
is_a: PATO: 0001300 ! optical quality
```

三、PO 注释方法

PO 的词条内容和结构与 PATO 类似，如表 6-3 所示，同样以关键词为主，因此，注释方法为对 PO 每个术语的 name、synonym 字段进行提取，与数据字段进行关键词匹配。

表 6-3 PO 中侧根尖术语的词条全貌（obo 格式）

```
[Term]
id: PO: 0000027
name: lateral root tip
namespace: plant_anatomy
def: " A root tip (PO: 0000025) of a lateral root (PO: 0020121) . " [PO: austin_meier, TAIR_curator: Katica_Ilic]
synonym: " punta de la raz lateral (Spanish, exact) " EXACT Spanish [POC: Maria_Alejandra_Gandolfo]
synonym: " 侧根端 (Japanese, exact) " EXACT Japanese [NIG: Yukiko_Yamazaki]
xref: PO_GIT: 577
is_a: PO: 0000025 ! root tip
relationship: part_of PO: 0020121 ! lateral root
```

四、GO 注释方法

GO 注释已有多种较为完善的工具，可以提供从基因名称到 GO 词条的映射，关键在于构建基因名称的转换。由于数据中可能使用 symbol 号、gene ID 等多种不同形式表征基因名称，因此，GO 注释方法统一为通过 Biomart 工具转换，然后通过 Clusterprofiler 将基因名称映射为 GO 术语。

五、数据存储设计

考虑到后续海量数据存储、查询和组织的需求，选择独立建立微表的方式进行数据梳理存储。如图 6.1 所示，格式化数据存储至关系型数据库，非格式化数据存储至文件系统。每条数据记录均对应一行注释信息表及一张字段注释表，注释信息表中保存有 4 种本体术语在图数据库中的 ID，字段注释表为稀疏表，对应数据中每个字段或内部语义中逐条对应的本体注释。

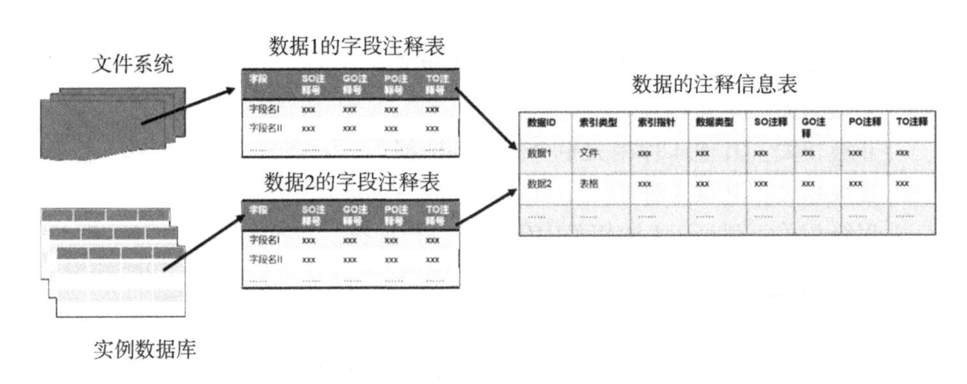

图 6.1　数据实体存储设计

第三节　关系推理

基于上述步骤形成的本体网络，反映的仅为已经在本体构建过程中定义完毕的跨本体关系，仍然存在较大空间扩展跨本体的术语关系，进一步增加组织化程度。但是，由于生命活动的复杂性，在新增关系的过程中极有可能出现错误定义等情况。例如，某基因可能在水稻中与某表型相关，但并不具备在玉米、小麦等品种中的普适性。

因此，为了在构建关系的过程中不引入新的错误，借鉴临床医学中分级证据的方法，定义分级关系。

分级证据是临床医学中为了保证临床工作严谨性所采用的方法。以美国 NCCN（美国国立综合癌症网络）为例，其在发布的权威性临床指南中，采用 4 级证据分类体系，即Ⅰ类、ⅡA 类、ⅡB 类和Ⅲ类，从前到后，证据支撑水平逐渐降低。国内测序企业在提供基因检测报告和报告解读的过程中，也大致依据类似的分级策略。因此，参考这种分级证据体系，同样制定 4 级关系体系。

定义5种相关性，即定义相关、语义相关、生物网络相关、统计相关和参考物种相关。定义相关，即术语A在定义过程中，直接标注为参考了术语B，或者认为与术语B相关；语义相关，即术语A的语义解释与术语B的语义解释类似；生物网络相关，即术语A在生物网络中的直接下游产物与术语B相关；统计相关，即通过WCGNA或其他分析手段，判断术语A与术语B相关；参考物种相关，即在某物种中已有实验证实术语A与术语B相关。

基于4种相关性，制定4级分类体系如下。

Ⅰ级相关：定义相关。

Ⅱ级相关：其他4种相关中全部具备证据。

Ⅲ级相关：其他4种相关中具备两种或三种证据。

Ⅳ级相关：孤证，4种相关中仅具备一种证据。

一、本体内关系推理

根据开放生物医学本体组织定义的生物学本体基础关系，除各本体中自定义关系外，推理上可用的基础关系如表6-4所示。

表6-4　基础关系

关系	描述
is a	这是最基本的关系。如果说A is a B，意味着节点A是节点B的子类型/亚型。例如，有丝分裂细胞周期是细胞周期，或裂解酶活性是催化活性
part of	用于表示部分-整体关系。part of具有特定含义，如果B必然是A的一部分，则只在A和B之间添加这一关系：B存在的地方，它就是A的一部分，B的存在意味着A存在。但是，在A存在时，不能确保B存在
has part	用于表示部分-整体关系。与part of一样，has part部分仅用于A总是将B作为一部分的情况，即A必然（has part）具有部分B的情况。如果A存在，则B将始终存在；但是，如果B存在，不能肯定A存在
regulates	描述一个过程直接影响另一个过程或质量表现的情况的关系，即前者调节后者。调节的目标可以是另一个过程，例如，调节某个酶促反应。假如B regulates A，意味着B调节A

推理规则如表 6-5 所示。

表 6-5　基础关系推理规则（列为第一关系）

关系	is a	part of	has part	regulates
is a	is a	part of	has part	regulates
part of	part of	part of	—	—
has part	has part	—	has part	—
regulates	regulates	regulates	—	—

二、分级相关性关系推理

4 级相关性关系推理的定义如表 6-6 所示。

表 6-6　分级相关性关系推理（列为第一关系）

关系	Ⅰ级相关	Ⅱ级相关	Ⅲ级相关	Ⅳ级相关
Ⅰ级相关	Ⅰ级相关	Ⅱ级相关	Ⅲ级相关	Ⅳ级相关
Ⅱ级相关	Ⅱ级相关	Ⅲ级相关	Ⅲ级相关	Ⅳ级相关
Ⅲ级相关	Ⅲ级相关	Ⅲ级相关	Ⅲ级相关	Ⅳ级相关
Ⅳ级相关	Ⅳ级相关	Ⅳ级相关	Ⅳ级相关	Ⅳ级相关

参考文献

刘桂锋，杨倩，刘琼，2022. 农业科学数据集的本体构建与可视化研究：以“棉花病害防治”领域为例［J］. 情报杂志，41（9）：143-149，175.

卢鹏，金静静，曹培健，等，2021. 植物及烟草表型组学大数据研究进展［J］. 烟草科技，54（3）：90-100，12.

罗晓丹，孙春梅，霍治邦，2019. 基于 mysql 数据库的西瓜育种自动化综合管理系统的建立［J］. 农业科技通讯（1）：129-130，215.

乔波，2019. 基于农业叙词表的知识图谱构建技术研究［D］. 长沙：湖南农业大学 . DOI：10. 27136 /d. cnki. ghunu. 2019. 000433.

任妮，鲍彤，沈耕宇，等，2021. 基于深度学习的细粒度命名实体识别研究：以番茄病虫害为例［J］. 情报科学，39（11）：96-102. DOI：10.13833/j.issn.1007-7634.2021.11.013.

王勇健，孔俊花，范培格，等，2022. 葡萄表型组高通量获取及分析方法研究进展［J］. 园艺学报，49（8）：1815-1832.

吴赛赛，2021. 基于知识图谱的作物病虫害智能问答系统设计与实现［D］. 北京：中国农业科学院.

于合龙，沈金梦，毕春光，等，2021. 基于知识图谱的水稻病虫害智能诊断系统［J］. 华南农业大学学报，42（5）：105-116.

曾桢，陈璟浩，毛进，等，2021. 贸易信息关联与融合本体研究：以农产品贸易为例［J］. 情报科学，39（3）：120-127，135. DOI：10.13833/j.issn.1007-7634.2021.03.018.

张秀红，2020. 基于知识图谱的遥感影像应用领域知识服务研究［D］. 武汉：武汉大学. DOI：10.27379/d.cnki.gwhdu.2020.000660.

ASHBURNER M, BALL C A, BLAKE J A, et al., 2000. Gene ontology: tool for the unification of biology [J]. Nature genetics, 25 (1): 25-29.

BEISSWANGER E, LEE V, KIM J J, et al., 2008. Gene Regulation Ontology (GRO): design principles and use cases [J]. Studies in health technology and informatics, 136: 9-14. PMID: 18487700.

CEUSTERS W, 2012. An information artifact ontology perspective on data collections and associated representational artifacts [J]. Studies in health technology and informatics, 180: 68-72. PMID: 22874154.

COCK P J, GRÜNING B A, PASZKIEWICZ K, et al., 2013. Galaxy tools and workflows for sequence analysis with applications in molecular plant pathology [J]. PeerJ, 1: e167.

CONSORTIUM G O, 2004. The Gene Ontology (GO) database and informatics resource [J]. Nucleic acids research, 32 (suppl_1): D258-D261.

CONSORTIUM G O, 2019. The gene ontology resource: 20 years and still GOing strong [J]. Nucleic acids research, 47 (D1): D330-D338.

EILBECK K, LEWIS S E, MUNGALL C J, et al., 2005. The Sequence Ontology: a tool for the unification of genome annotations [J]. Genome biology, 6 (5): 1-12.

JAISWAL P, AVRAHAM S, ILIC K, et al., 2005. Plant Ontology (PO):

a controlled vocabulary of plant structures and growth stages [J]. Comparative and functional genomics, 6 (7-8): 388-397.

MELEG I, HORN P, 1998. Genetic and phenotypic correlations between growth and reproductive traits in meat-type pigeons [J]. Archiv fur geflugelkunde, 62 (2): 86-88.

第七章　数据共享协议研究

第一节　数据共享协议现状

一、共享协议在数据共享中的价值

作物表型数据作为重要的科学数据，是一种以公共物品和准公共物品属性为主，兼具部分私有物品属性的社会资源，天然具有社会化配置的需求，但同时面临“公地悲剧”问题：公共资源往往会导致各使用者倾向于机会主义，肆无忌惮地索取而不贡献，导致公共资源快速枯竭。这体现在科学数据领域，就是科学研究者们不积极主动进行数据共享，仅乐于获取他人共享的数据。

科斯定理指出，明晰的产权界定也可帮助资源交易双方（生产者和使用者）充分减少对未来预期的不确定性，进而杜绝或降低机会主义行为，从而有效合理地配置资源，这是解决“公地悲剧”的有效途径。在科学数据领域，可通过进一步明确科学数据所有、署名、修改演绎、传播等一系列权责，实现数据确权。这使得生产者、共享者和使用者对科学数据共享过程中的各个环节有明确、清晰的行为依据，进而促进科学数据共享事业的发展。

作物表型数据源头繁多、种类多样，数据使用者组成队伍庞大、人员结构复杂、权属意识不一，这种情况下，单纯寄希望于数据管理者进行统一精细化管理不现实，仍需通过能够高效传播的权属保护方法进行辅助管理，从而引导数据生产者和使用者介入管理之中。

目前我国已有《中华人民共和国科学技术进步法》《中华人民共和国促进科技成果转化法》《政务信息资源共享管理暂行办法》《科学数据管理办法》等法律法规，这些法律法规为科学数据共享工作提供了依据。这些法律更重视全盘考虑，侧重政府支持下的科学研究，对具体共享流程中各方权责的规范不足。在实际工作中，不仅需要政府不断完善立法并严格执法，还需要发挥科学工作者的自身能动性，更需要调动科学数据生产者的科研积极性。因此，以平等自愿为基础、以《中华人民共和国民法典》及相关知识产权法律法规为依据，明确各方权责，服务育种等农业学科的科学数据确权及保护，有利于实际科学数据共享工作的开展。

二、现有共享协议基本情况

我国现有科学数据共享协议一般可以分为许可证式共享协议和非许可证式共享协议两类（表 7-1）。许可证式共享协议通过系统设计和研究，以法律法规为依托，形成了较为完善、自洽的声明和条款，一般常用于数据、源代码等知识产品中，以单独文本文件为载体对使用者进行授权声明，可传播性和可保护性都较好，虽然自身设计难度较高，但设计完成后，对数据生产者、共享者、共享管理者和使用者都极为友好，有利于后续追责。

非许可证式共享协议主要可分为合同式、声明式、援引式等。合同式往往是在非公共领域的科学数据进行点对点共享时使用，一般基于“一交易一合同”的模式，采用商业合同作为载体来约束双方权责，灵活性高，保护力强，但是可传播性差。声明式一般指公共领域的科学数据在进行数据共享的同时，在数据中心页面针对数据权责进行简单声明。声明式简单、方便，但是往往缺乏严谨的法律依据和思考，也缺少统一的格式，不仅时常由于数据使用者缺乏耐心没有认真阅读理解而失去声明的意义，而且事后也难以通过声明进行追责，可传播性和可保护性都较差。援引式大多直接援引其他声明或者法律条款等，常见环境与声明式类似，优劣势也与声明式类似。但是，数据使用者必须额外投入时间和精力成本，通过跳转、自行查阅等方式了解援引内容。而援引内容也存在时刻变更、丢失和解释错误的风险，导致其实际保护效果比声明式更差。

表 7-1　我国现有科学数据共享协议常见分类

协议类型	许可证式共享协议	非许可证式共享协议		
		合同式共享协议	声明式共享协议	援引式共享协议
载体	单一文件，一般为可复制的文本文件	单一文件，一般为实体文件，或依实体文件格式的电子合同文件	网页声明，一般为一段或多段文字	网页声明，一般为外部链接，或者法律专有条款名称
附加方式	一般附在数据、代码等文件包内	不随数据附加	不随数据附加	不随数据附加，外部引用
完整性	完整	完整	一般不完整	不完整
自洽性	高度自洽	高度自洽	大多不自洽	大多不自洽
协议编制难度	高	较高	较低	低
协议可传播性	高	低	较低	较低
协议权属追溯	高	低	低	低
适用场景	普适	点对点	中心对点	中心对点
对数据生产者	友好	友好	较不友好	不友好
对数据共享及共享管理者	友好	一般	较友好	友好
对数据使用者	友好	友好	较不友好	不友好
保护和追责能力	好	好	较差	差
法律效力	较高	高	较低	低
海外司法判例	有	有	有	无
我国司法判例	有	有	未查见公认判例	未查见公认判例

三、共享协议应用现状

1. 国家科学数据中心的共享协议应用情况

国家农业科学数据中心等 20 个国家科学数据中心目前是我国科学数据管理和共享的主体。虽然各中心主要管理和共享的数据有领域、学科、类型等差异，但是在权属和共享方面的问题具有相通性，采用的方法也有互相借鉴的价值。对 20 个国家科学数据中心采用的协议进行统计调研，研究发现数据中心协议仍以声明式和援引式协议为主，重点针对的权责主要为署名权、修改权和使用权（表 7-2）。

表 7-2　20 个国家科学数据中心现有共享协议的基本情况

中心名称	类型	主要针对权责	特殊备注
国家高能物理科学数据中心	声明式	使用权、再生产权	以合作组权责声明形式
国家基因组科学数据中心	声明式	使用权、修改演绎权	免责为主，确权为辅
国家空间科学数据中心	声明式	使用权、出版（发布）权	禁止复制和传播
国家微生物科学数据中心	声明式	使用权、传播权、复制权	开放复制，禁止传播
国家天文科学数据中心	援引式	使用权、传播权等	援引 IVOA（International Virtual Observatory Alliance，国际虚拟观测站联盟）系列协议
国家对地观测科学数据中心	声明式	使用权、署名权、存储权	禁止长期留存
国家极地科学数据中心	声明式	使用权、署名权、演绎权	10%的引用允许有限演绎
国家青藏高原科学数据中心	许可证式	使用权、传播权、演绎权	CC BY-SA-4.0，允许演绎
国家生态科学数据中心	声明式	使用权、署名权、演绎权	禁止传播和演绎
国家材料腐蚀与防护科学数据中心	声明式	版权	提供的均为深加工后的数据，共享者和生产者已经重合
国家冰川冻土沙漠科学数据中心	许可证式	使用权、传播权、演绎权	CC BY-SA-4.0，允许演绎
国家计量科学数据中心	—	—	—
国家地球系统科学数据中心	声明式	使用权、传播权、署名权	禁止复制和传播
国家人口健康科学数据中心	声明式	使用权、署名权	不限制复制和传播
国家基础学科公共科学数据中心	—	—	无统一共享协议，不同数据资源共享协议直接由生产者自行认定
国家农业科学数据中心	声明式	署名权	不限制复制、传播
国家林业和草原科学数据中心	声明式	使用权、传播权、署名权	禁止复制、传播

（续表）

中心名称	类型	主要针对权责	特殊备注
国家气象科学数据中心	声明式	使用权、署名权	不限制复制、传播
国家地震科学数据中心	声明式	署名权	仅要求署名（引用）权
国家海洋科学数据中心	声明式	署名权	仅要求署名（引用）权

国家青藏高原科学数据中心和国家冰川冻土沙漠科学数据中心使用了CC BY-SA-4.0许可证，其他中心大多使用声明式。不同中心对科学数据权属的声明差异极大，尤其是复制和传播方面，空间、地球系统、林业和草原等中心完全禁止复制和传播，而基因组、人口健康、农业、气象等中心则未加限制。事实上，复制、传播等行为所需成本极低，违约追责也基本不可能，因此，对其进行限制意义不大。在实际使用过程中，常常遇到必须迁移使用环境、课题组内合作共享等实际情况，使得使用者必须对数据进行复制，很难要求使用者严格遵守共享协议。对于其他关键性的演绎（改编）、商业应用、完整性等权利，以及对基于该数据进行二次生产后的新数据中权责的继承关系，各科学数据中心现有声明规定不完善、不统一。这不仅增加了使用者依声明合理使用多个中心资源时的难度，也间接导致了权属保护的追责难度。

2. 其他形式共享农业科学数据的应用情况

在国家科学数据中心之外，我国还存有大量规模较小的共享科学数据资源。以农业领域为例，中国土壤科学数据库、中国作物种质信息网、国家水稻数据中心等或者未采用共享协议，或者采用简单声明式的共享协议。另外，《中国科学数据》等以数据论文等形式提供科学数据共享的服务者，则选择了CC BY-SA-4.0许可证作为共享协议。

3. 适用于我国农业等领域科学数据的共享协议类型选择

目前我国科学数据共享协议普遍采用声明式，部分引入了许可证式，少量采用援引式，而合同式主要在线下应用。主导我国科学数据共享的国家科学数据中心，目前大多使用声明式共享协议，不仅传播性、保护性差，权责追溯价值较低，而且彼此间条款、权责规定差异巨大，容易导致使用者认知混乱，无法正确依约使用数据。而许可证式共享协议由于兼具通用性和灵活性，又可跟随数据同步传播，保护效果较好，具有明显优势。

四、现有许可证式共享协议适用性分析

随着网络时代信息交互速度的发展，以及知识价值不断被认可，许可证式共享协议不断发展。尤其在开源运动下，以源代码为主要保护领域的许可证种类不断丰富，助推了信息产业中的知识共享。目前，信息产业中广泛应用的 Linux、Hadoop、MySQL 等重要基础设施都是在许可证保护下发展起来的。在国外，已经形成了多例依据许可证进行诉讼的法律案件。2021 年 9 月，我国广东省深圳市中级人民法院也进行了一例关于 GPL 许可证（GNU GENERAL PUBLIC LICENSE，GNU 通用公共许可证）的判罚（〔2019〕粤 03 民初 3928 号）。在该诉讼中，被告未按照 GPL 规定使用代码，而司法部门认为 GPL 具有合同属性，属于《中华人民共和国合同法》调整范围，并依据《中华人民共和国民法总则》第一百五十八条，对被告进行了侵权判罚（现《中华人民共和国民法总则》《中华人民共和国合同法》已并入《中华人民共和国民法典》）。

但是，业内广泛使用的 GPL、MIT 许可证（The MIT License，麻省理工学院许可证）等许可证诞生于海洋法系背景之下，而我国属于中国特色社会主义法律体系，这些舶来许可证在国内使用，难免会遇到“水土不服”的问题，无法确保其约定的权责均可被司法认可。例如，2019 年，北京市高级人民法院驳回了某公司依 GPL 继承性（传染性）做出的免责辩护，在该案例［2015 高民（知）终字第 3610 号］中，虽然司法机关默许 GPL 的法律效力，但是对 GPL 中约定的继承性权利存在认识差异。

为了改善该情况，2019 年 8 月，北京大学牵头，首次在源码领域制定并发布了我国自己的许可证式共享协议——“木兰宽松许可证”和“木兰公共许可证”，目前二者均已更新至第二版，并通过了国际开源促进会（Open Source Initiative，OSI）的认证。该协议针对我国法律体系进行了适配，并为后续多个国内外开源软件项目所使用。

目前国内常用许可证式共享协议的关键权责差异见表 7-3。这些许可证大多针对软件源码场景进行设计和开发，用于数据领域，尤其是科学数据领域，其场景存在差异。而目前被应用于数据领域的知识共享许可证 CC 4.0（Creative Commons license 4.0，知识产权共享许可证 4.0），也如 MIT 等一样诞生于海洋法系，在国内也存在“水土不服”的问题，并且 CC 系列协议的主要设计目的是保护出版物等版权，数据领域保护能力有所不足。除 MIT、GPL、CC 系列、木兰系列许可证外，表中还补充了 LGPL 许可证

(GNU Lesser General Public License，GNU宽松通用许可证)。

表 7-3 常用许可证式共享协议的关键权责差异

差异	LGPL	GPL	MIT	CC BY-SA 4.0	CC BY-NC-ND 4.0	木兰宽松许可证	木兰公共许可证
是否可将开源项目用于商业目的	是	否	是	是	否	是	否
是否允许发布发行依赖于原始项目的新开源项目	是	是	是	是	是	是	是
是否允许在开源内容上做修改	是	是	是	是	否	是	是
是否允许用于专利申请	有限许可	约束许可	隐含许可	否	否	是	约束许可
是否允许个人学习、修改和使用	是	是	是	是	否	是	是
是否要注明协议及版权说明	是	是	否	是	是	是	是
对于开源内容的修改是否要明确说明	是	是	否	否	不适用	否	是
开源内容是否可用于商标或在商标中暗示使用	否	否	是	否	否	—	—
基于原内容开发的产品是否采用相同或相近的协议	否	是	否	否	是	否	是
基于开源修改新增的内容是否也需要开源	是	是	否	否	是	否	是

第二节　作物表型科学数据的共享协议研究

一、协议设计

针对我国作物表型数据共享不足的情况，为服务数据共享利用，明确数据权属，结合我国现行知识产权体系、法律体系、科学数据管理机制、科学发展水平等实际情况，设计研究适合我国国情的科学数据共享协议。

协议类型：考虑到表型数据的传播特性，以及科学研究第四范式时代数据对于科学研究的重要意义，采用许可证式协议。结合我国实际科研体制特色，采用类似于木兰许可证的双证并行模式，分别针对学术专用和社会使用，同时发布两类许可证。

协议命名：考虑到科学工作者常以发布者自身地址和单位进行命名的实际习惯，例如，MIT 许可证直接以发布机构命名，中国科学院大学自研芯片架构以地址“雁栖湖”命名，在本书中发布的许可证草案以发布地址“魏公村”命名，分别为“魏公村科学数据学术许可证（草案）”和“魏公村科学数据通用许可证（草案）”。

关键权责限制：考虑到实际应用场景中，限制数据复制、传播和分享既不利于满足使用者的基本需求，又对生产者和管理者缺少实际意义，同时还不具备约束手段的现实情况；结合现有多个中心已经在声明中放弃了对复制、传播和分享的限制，也未产生对生产者权益损害的恶性事件的已有经验；魏公村系列许可证将不对使用者复制、传播和分享进行约束。

继承和撤销：同源代码类似，科学数据可以通过包含、引用、改造等方式，产出新的科学数据成果作品，新成果作品中，是否必须继承许可证是关系到生产者和使用者核心权利的重要问题。假如不继承许可证（可视为无法对新产生数据进行约束），那么为了保护生产者权益，则必须限制基于原科学数据形成新数据的行为，不利于持续创新，违背了“面向世界科技前沿”的根本要求。假如完全强制继承许可证，则同样会影响其在市场和商业环境中的应用，又影响了科学数据充分发挥“面向经济主战场”的要求。因此，起草魏公村系列许可证的过程中，利用双证并行架构，针对学术许可证，约定后续强制继承，以保护生产者利益，保证后续科学研究工作的公益属性充分发挥；针对通用许可证，则选择非强制继承，以满足商业用户使用数据的需求。数据发布者可在国家农业科学数据中心的建议下，自由选择以学术许可证或通用许可证保护其权责。

署名和引用：考虑到目前仅在学术研究产出的论文、专著等学术成果中，有位置提供对原数据的引用、致谢，而在其他诸如专利、商业产品等成果中，并无位置以引用、致谢等形式体现数据原作者的署名权，因此，在起草过程中，仅在学术许可证中保留了引用和致谢的要求，对通用许可证不做规定，仅约束其在发布完全相同或相似成果作品时，需要保留原生产者的署名。

修改说明：由于科学数据具有严谨性，对于学术许可证和通用许可证，无论继承许可证与否，在发布修改作品时都必须对修改内容进行说明。

该许可证体系采用学术、通用双证并行的方式，充分考虑了我国法系的特征，能够从多个关键点解决目前 CC BY4.0 等舶来品许可证的不足（图 7.1）。

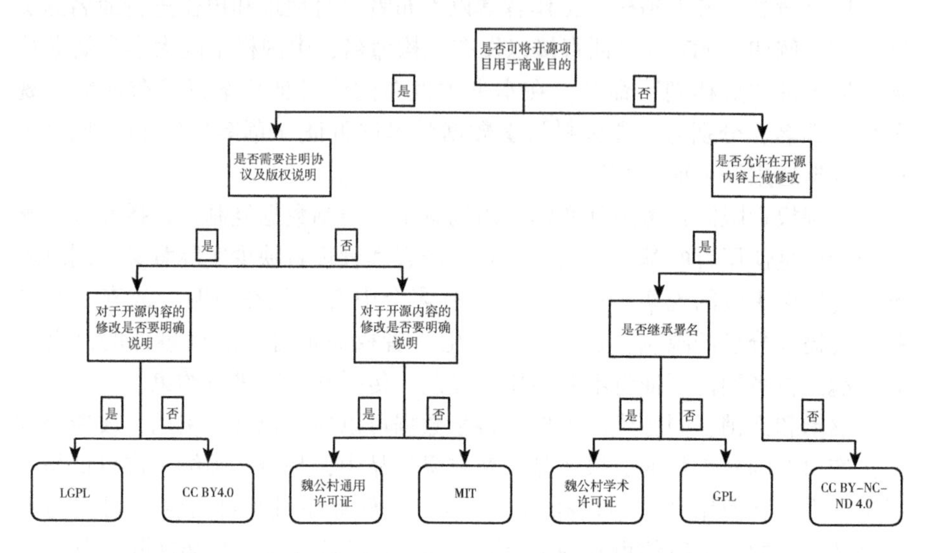

图 7.1　魏公村系许可证与其他舶来品许可证的关键区别

二、协议草拟

通过问卷调查、专家访谈、法律法规符合性评价等方式，结合协议设计关键点，形成许可证草案，具体内容见表 7-4。

表 7-4　许可证草案

名称	适用领域	协议内容
魏公村科学数据学术许可证（草案）	（1）政府公共经费支持和其他公益性的学术研究工作 （2）自愿为人类科学发展贡献数据的工作 （3）所有适用《科学数据管理办法》的其他工作	（1）定义 成果作品：指受到著作权与类似权利保护的科学数据，以及基于授权作品而创作的作品 本成果作品：指受此许可证保护，此许可证所凭依的成果作品

（续表）

名称	适用领域	协议内容
魏公村科学数据学术许可证（草案）	(1) 政府公共经费支持和其他公益性的学术研究工作 (2) 自愿为人类科学发展贡献数据的工作 (3) 所有适用《科学数据管理办法》的其他工作	衍生作品：指基于原作品，通过改编、演绎、分割、融合、改造、引用、分析等手段形成的新科学数据，其创新性和独创性不足，依据《中华人民共和国民法典》《中华人民共和国著作权法》《中华人民共和国专利法》无法被认定为独立作品 新成果作品：指基于原作品，通过创新性工作产出的新科学数据，其创新性和独创性充足，依据《中华人民共和国民法典》《中华人民共和国著作权法》及《中华人民共和国专利法》可被认定为独立作品 非数据类型创新成果：指非科学数据的其他类型创新成果，包括论文、专著、影像、专利、软件、产品、算法等 使用者：指在本成果作品发布后，对成果作品进行分析、修改、引用等操作的个人或组织 生产者：指拥有本成果作品所有权的个人或组织，本许可证默认适用于数据发布者拥有所有权的情况 资助者：指为本成果作品的产出提供关键要素支持的个人或组织 管理者：指中华人民共和国官方的科学数据管理机构，在许可证发布之日，为中国国家科技基础条件平台中心，后续若有权责变更，默认随国家官方规定变更。在境外，且非中国政府资助的工作中，可替换为所在国政府对应部门 国家相关领域科学数据中心：指中华人民共和国科学技术部认证的20个国家科学数据中心，在境外，且非中国政府资助的工作中，可替换为科学界公共性的科学数据共享机构 (2) 授予版权许可 “本成果作品”在“国家相关领域科学数据中心”进行共享，同时，每个“生产者”根据本许可证授予您的永久性的、全球性的、免费的、非独占的、不可撤销的版权许可，“生产者”对发布的“成果作品”有发表权、署名权、修改权、保护科学数据完整权、使用权等，同时您可以复制、使用、修改、分发其成果作品，不论修改与否。“生产者”拥有成果作品及其衍生成果的相关知识产权，“衍生作品”的“生产者”可拥有增值部分的知识产权 (3) 授予专利许可 每个“生产者”根据此许可证授予您永久性的、全球性的、免费的、非独占的、不可撤销的（根据本条规定撤销除外）专利许可，供您对“本成果作品”进行制作、使用、销售或以其他方式对“本成果作品”进行转移。前述专利许可仅限于“生产者”在此向您分享自身拥有的权利时使用，不可供您以“本成果作品”为根据向其他“使用者”或“生产者”诉求权利 (4) 无商标许可 本许可证不提供对“生产者”的商品名称、商标、服务标志或产品名称的商标许可 (5) 分享限制、署名引用和强制继承 “本成果作品”发布后，将同等对待进行共享再利用的“使用者”，“生产者”保证“本成果作品”没有侵犯任何人的知识产权。“使用者”拥有对“本成果作品”的编辑权、不同介质复制权、依据注册协议公开数据范围的网络传播权、多语种翻译权、不同格式的转换权和印刷权

（续表）

名称	适用领域	协议内容
魏公村科学数据学术许可证（草案）	(1) 政府公共经费支持和其他公益性的学术研究工作 (2) 自愿为人类科学发展贡献数据的工作 (3) 所有适用《科学数据管理办法》的其他工作	"使用者"产出的"本成果作品"复制品或基于"本成果作品"产出的"衍生作品"需要明示本许可证及原始标记，并对"生产者"署名进行继承，使用者不得移除、改变任何附属的著作权标记，并对任何修改处进行说明，"本成果作品"及其"衍生作品"的全部或部分复制品同样适用本许可证。对于"本成果作品"产出的"非数据类型创新成果"，需根据学术界的通行规则对"本成果作品"进行标准化引用及致谢，并需添加对许可证的引用 "使用者"基于"本成果作品"产出的"新成果作品"，除以下 3 种情况外，均默认自动继承本许可证，并需按照本许可证进行开放共享。情况一：在"新成果作品"产生过程中，"本成果作品"仅起到参考作用，且"新成果作品"未受到任何来源于中国政府的资助，则可在向国家相关领域科学数据中心出具书面承诺后，解除本许可证继承关系。情况二："新成果作品"同时获得"生产者"、国家相关领域科学数据中心、"资助者"及"管理者"谅解，四方均出具相关文件证明，则可解除本许可证继承关系。情况三："新成果作品"涉及国家机密，则可解除本许可证继承关系 (6) 免责声明与责任限制 "本成果作品"提供时不带任何明示或默示的担保。在任何情况下，"生产者"不对任何个人或组织因使用"本成果作品"而引发的任何直接或间接损失承担责任，不论何种原因导致或者基于何种法律理论，即使其曾被建议有此种损失的可能性 (7) 不适用该协议的情形 部分"成果作品"不适用该协议，如未经"生产者"同意的数据、个人信息、军事信息、第三方未授权信息等
魏公村科学数据通用许可证（草案）	任何自愿使用本协议保护其数据权属的工作	(1) 定义 成果作品：指受到著作权与类似权利保护的科学数据，以及基于授权作品而创作的作品 本成果作品：指受此许可证保护，此许可证所凭依的成果作品 衍生作品：指基于原作品，通过改编、演绎、分割、融合、改造、引用、分析等手段形成的新科学数据，其创新性和独创性不足，依据《中华人民共和国民法典》《中华人民共和国著作权法》《中华人民共和国专利法》无法被认定为独立作品 新成果作品：指基于原作品，通过创新性工作产出的新的科学数据，其创新性和独创性充足，依据《中华人民共和国民法典》《中华人民共和国著作权法》《中华人民共和国专利法》可被认定为独立作品 非数据类型创新成果：指非科学数据的其他类型创新成果，包括论文、专著、影像、专利、软件、产品、算法等 使用者：指本成果作品在发布后，对成果作品进行分析、修改、引用等操作的个人或组织 生产者：指拥有本成果作品所有权的个人或组织，本许可证默认适用于数据发布者拥有所有权的情况 国家相关领域科学数据中心：指中华人民共和国科学技术部认证的 20 个国家科学数据中心，在非境外且非中国政府资助的工作中，可替换为科学界公共性的科学数据共享机构

（续表）

名称	适用领域	协议内容
魏公村科学数据通用许可证（草案）	任何自愿使用本协议保护其数据权属的工作	(2) 授予版权许可 每个“生产者”根据此许可证授予您的永久性的、全球性的、免费的、非独占的、不可撤销的版权许可，“生产者”对发布的成果作品有发表权、署名权、修改权、保护科学数据完整权、使用权等，同时您可以复制、使用、修改、分发“本成果作品”，不论修改与否 (3) 授予专利许可 每个“生产者”根据本许可证授予您永久性的、全球性的、免费的、非独占的、不可撤销的（根据本条规定撤销除外）专利许可，供您对“本成果作品”进行制作、使用、销售或以其他方式对“本成果作品”进行转移。前述专利许可仅限于“生产者”在此向您分享自身拥有的权利时使用，不可供您以此来主张任何完全基于“本成果作品”的权利 (4) 无商标许可 本许可证不提供对“发布者”的商品名称、商标、服务标识或产品名称的商标许可 (5) 分享限制和撤销许可 “生产者”在发布“本成果作品”后需保证其科学数据没有侵犯任何人的知识产权。“使用者”只能在“本成果作品”限制的活动范围内进行使用，超出使用许可范围的利用被严格禁止。“使用者”拥有对“本成果作品”的编辑权、不同介质复制权、依据注册协议公开数据范围的网络传播权、多语种翻译权、不同格式的转换权和印刷权 经“生产者”出具书面同意材料，并经“使用者”向“国家相关领域科学数据中心”提交备案后，“使用者”可将“本成果作品”的后续“衍生作品”用于商业盈利等，并不强制要求“生产者”信息的继承，“使用者”拥有“衍生作品”的全部知识产权。但是，假如在“衍生作品”中保留了“本成果作品”原“生产者”的署名，则必须对所有修改处进行注明 “使用者”向国家相关领域科学数据中心提交备案后，可以在基于“本成果作品”得到的“新成果作品”或“非数据类型创新成果”中去除本许可证 (6) 免责声明与责任限制 “本成果作品”提供时不带任何明示或默示的担保。在任何情况下，“生产者”不对任何人因使用“本成果作品”而引发的任何直接或间接损失承担责任，不论是何种原因导致或者基于何种法律理论，即使其曾被建议有此种损失的可能性 (7) 不适用该协议情形 部分“成果作品”不适用该协议，如未经数据生产者同意的数据、个人信息、军事信息、第三方未授权信息等

参考文献

陈越，都平平，周琼，2021. 美国高校科学数据使用协议应用情况调查与启示［J］. 图书情报工作，65（24）：135－142. DOI：10.13266/j.issn.0252－3116.2021.24.014.

费方域，闫自信，陈永伟，等，2018. 数字经济时代数据性质、产权和竞争［J］. 财经问题研究（2）：3－21.

何波，2021. 数据权属界定面临的问题困境与破解思路［J］. 大数据，7（4）：3－13.

黄欣荣，曹贤平，2021.21 世纪科学认知的数据转向［J］. 自然辩证法研究，37（11）：115－121.

焦洪涛，徐美轩，2020. 人类遗传数据共享的内涵阐释与逻辑展开［J］. 青海社会科学（5）：130－137.

李琰，2019. 科学数据共享的知识产权保护机制研究［M］. 北京：人民出版社.

满芮，樊景超，2020. 中国农业科学数据服务分析与展望［J］. 农业展望，16（9）：86－92.

彭秀媛，王枫，周国民，2019. 面向重用的农业科学数据共享模式研究［J］. 农业经济（1）：87－89.

盛小平，袁圆，2021. 科学数据开放共享中的数据权利治理研究［J］. 中国图书馆学报，47（5）：80－96. DOI：10. 13530/j. cnki. jlis. 2021039.

孙燕华，2015. 科学数据共享中的知识产权保护与数据使用许可［D］. 兰州：兰州大学.

许燕，麻思蓓，郑彦宁，等，2020. 科学数据的法律属性与知识产权管理［J］. 科技管理研究，40（22）：177－182.

朱玲，李国俊，吴越，2020. 国外科学数据开放共享策略中的主体分工合作框架及启示［J］. 图书情报知识（1）：94－104.

朱雪忠，徐先东，2007. 浅析我国科学数据共享与知识产权保护的冲突与协调［J］. 管理学报，4（4）：477－482，487.

庄严，杨帅，刘照坤，等，2020. 农业科学观测数据权属与保护路径研究［J］. 农业大数据学报，2（4）：107－112.

EUROPEAN COMMISSION. Guidelines to the rules on open access to scientific publications and open access to research data in Horizon 2020 [EB/OL]. [2021-08-10] (2024-03-02). http://ec. europa. eu/research/participants/data/ref/h2020/grants_manual/hi/oa_pilot/h2020-hi-oa-pilot-guide_en. pdf.

HARRIS T L, WYNDHAM J M, 2015. Data rights and responsibilities: a human rights perspective on data sharing [J]. Journal of empirical research on human research ethics, 10 (3): 334-337.

MURRAY-RUST P, NEYLON C, POLLOCK R, et al., 2019. Panton principles for open science, open sharing and open data [J]. Library and information service, 63 (17): 15-22.

结语和致谢

本书简单介绍了表型数据管理发展现状、高通量表型组学研究前沿、作物表型数据需求，并对作物表型数据生命周期管理、作物表型数据采集模型、多源异构组学数据关联方法、基于本体的多组学数据集成技术和数据共享协议进行了探索性研究。

当前，作物表型大数据已成为国际农业科学、生命科学领域的战略前沿方向，也被视为种业科技发展的核心竞争力。作物表型数据管理面临着多方面的挑战，涉及数据的高度异质性、大规模数据处理、多维整合、智能分析和共享等方面。攻克这些挑战需要多学科的合作，笔者也将持续为该领域添砖加瓦。

限于笔者水平，本书部分内容难免有疏漏、不足之处，恳请各位读者批评指正。

感谢导师曹永生研究员、周国民研究员的指导，感谢信息与大数据创新研究组和国家农业科学数据中心成员的支持和帮助。